U0319669

# 防护功能新材料

王晓梅　万红敬　胡建伟　黄红军　编著

北　京
冶 金 工 业 出 版 社
2020

## 内容简介

本书在参考国内外相关资料的基础上，结合作者多年的研究成果和实际应用经验编写而成。本书重点介绍了吸氧阻氧材料、控湿恒湿材料、剪切增稠材料等三种防护功能材料，分别从研究背景、相关材料国内外研究现状、防护功能材料制备、性能检测技术及材料性能检测、影响材料性能的因素分析等方面进行了详细阐述，并对上述材料在装备（设备）仓储包装防护、运输携带防护等方面的应用情况进行了展望。不仅拓宽了防护功能材料的种类，还对控湿恒湿材料的吸湿控湿机理进行了热力学探讨，并在此基础上提出了有效地提高材料性能的途径。

本书可作为大中专院校材料学、材料科学与工程学、金属防护技术等专业的参考书，也可作为新型功能材料方向的研究人员、工程技术人员的参考资料。

**图书在版编目(CIP)数据**

防护功能新材料/王晓梅等编著．—北京：冶金工业出版社，2020.5

ISBN 978-7-5024-8457-6

Ⅰ.①防…　Ⅱ.①王…　Ⅲ.①包装材料—研究
Ⅳ.①TB484

中国版本图书馆CIP数据核字(2020)第055791号

出 版 人　陈玉千
地　　址　北京市东城区嵩祝院北巷39号　邮编　100009　电话　(010)64027926
网　　址　www.cnmip.com.cn　电子信箱　yjcbs@cnmip.com.cn
责任编辑　于昕蕾　美术编辑　吕欣童　版式设计　孙跃红
责任校对　李　娜　责任印制　李玉山
ISBN 978-7-5024-8457-6
冶金工业出版社出版发行；各地新华书店经销；三河市双峰印刷装订有限公司印刷
2020年5月第1版，2020年5月第1次印刷
169mm×239mm；10印张；193千字；150页
**49.00**元

**冶金工业出版社　投稿电话　(010)64027932　投稿信箱　tougao@cnmip.com.cn**
**冶金工业出版社营销中心　电话　(010)64044283　传真　(010)64027893**
**冶金工业出版社天猫旗舰店　yjgycbs.tmall.com**
（本书如有印装质量问题，本社营销中心负责退换）

# 前　言

大部分装备（设备）在储存、使用及运输等环境中，由于受环境条件的影响都不同程度地存在着锈蚀、老化、霉变及应力冲击等现象，这不仅影响了装备（设备）的使用寿命和应用性能，同时也造成了极为严重的经济损失。

近年来，围绕着装备（设备）防护包装的改善，许多单位开展了积极的研究，有针对性地研究了一些新型包装方法，试用了一些新型包装材料。编者曾成功地研制出了系列气相防锈材料，经试用，取得了理想的防锈效果。但气相防锈材料对装备（设备）的防护有一定的局限性，其缺点是只对装备（设备）中的金属材料有效，而且对金属材料具有选择性，对于非金属器件、霉菌腐蚀则不具有防护效果，对被防护对象的应力冲击更不具有防护作用。因此编者从不同角度入手开展了对装备（设备）全防护的新型包装材料的研制。

本书在相关科研项目研究成果的基础上，收集国内外相关资料，并结合研究成果在装备（设备）制造、包装贮存等工作中的应用经验编写而成。第 1 章以满足装备（设备）储存环境对氧气浓度的要求为目标，重点研究了铁系和有机高分子系吸氧阻氧材料的制备及性能，从快速铁系吸氧剂的研制及其影响因素分析、吸氧吸湿剂、吸氧聚氨酯海绵、CM 吸氧阻氧膜等材料的研制过程、有机吸氧体系的合成与改性研究等方面进行了讨论。第 2 章以聚丙烯酸钠树脂多孔结构控制途径为阐述主线，采用致孔剂法与溶液聚合法制备多孔树脂，以树脂成孔性与吸湿量为主要性能指标，分析树脂多孔结构对其吸湿性能的影响，经比较后筛选出较优致孔剂；随后以较优致孔剂为主，详细分析制备工艺对树脂孔结构与吸湿性能的影响，并通过正交试验分析得到具有高吸湿量的最佳试验配方。第 3 章采用模板法制备了介孔二氧化硅，并以制备的介孔二氧化硅为分散相，聚乙二醇为分散介质，制备了一系列剪切增稠液（STF），结合动态流变仪对其流变性能的测试结果研究分析了粒子比表面积、分散相浓度、分散介质、合成温度等因素对剪切增稠性能的影响；研究制备了 PS－AA/PEG 剪切增稠液（STF），并通过动态流变仪稳态扫描测试对比分析了聚乙二醇悬液的剪切增稠特性，并对其应用前景进行了展望。

本书的完成离不开杜志鸿、钟辉、宋凯杰等几位编者的努力工作，在此表示感谢。本书在编写过程中，参考了国内外大量著作、研究成果和文献资料，在此谨向原作者表示敬意和衷心感谢。

防护技术涉及诸多内容，特定功能新材料研究广泛，限于编写人员水平和实际工作经验，书中难免存在纰漏，恳请读者批评指正，多提宝贵意见，我们将在再版时加以修订和完善。

编著者

2020 年 2 月于陆军工程大学石家庄校区

# 目　　录

# 1　吸氧阻氧材料

## 1.1　绪论

### 1.1.1　研究背景

引起装备（设备）各种材料产生锈蚀、老化、霉变等现象的根本原因在于环境中氧气的存在，因此降低或除去包装空间内的氧气，可从根本上解决上述问题。降低包装内氧气含量的传统方法有气体置换、抽真空、放置吸氧剂等。然而气体置换和抽真空都不能完全除去包装中的氧气，如充填 $N_2$ 或 $CO_2$ 置换容器内的氧气后，包装容器内残留 2%~5%的氧气，而霉菌繁殖在 1%氧含量的状态下就有可能。

吸氧剂又称脱氧剂或除氧剂，能在常温下与包装空间内的氧气发生氧化反应形成氧化物，将密封空间内的氧气吸收掉。吸氧剂包装是继真空包装和充气包装之后的一种新的包装方法。吸氧剂包装既可彻底去除包装内的氧气，又可除掉贮存中缓慢渗入的氧气。比起其他除氧方式，吸氧剂具有成本低、操作简单、使用方便、除氧能力高等特点。日本和美国等在这一领域研究较早，并有吸氧剂系列产品问世。而我国成型的吸氧剂产品生产较薄弱，多见于应用效果领域的研究，而对其基础的研究较少；多见于食品工业方面的应用，而在其他领域应用较少。

吸氧剂的种类繁多，按其主剂不同首先可分为有机类和无机类，其中有机吸氧剂主要有葡萄糖氧化酶型吸氧剂、抗坏血酸型吸氧剂和儿茶酚型吸氧剂。无机吸氧剂使用较广的主要有两种：铁系吸氧剂和亚硫酸盐吸氧剂。其中以铁粉为主要成分的铁系无机吸氧剂，不仅除氧效果好，而且安全性高，成本低，应用最为广泛。

但普通的铁系吸氧剂要使封存空间的氧浓度降低至 1%以下，一般耗时较长，一般需要 15~48h，这样的吸氧速率适用于食品和一般材料的除氧封存包装。但对于一些金属材料的防护封存，尤其在一些高温、高湿、高盐的环境中，由于不能及时将空间中的氧气除去，就会出现在氧浓度降低到安全范围之前，被封存的金属材料已经锈蚀的现象。

为了能够将吸氧剂应用于装备（设备）的防护封存，本书拟研究启动速率快、吸氧效率高的吸氧剂，并通过控制工艺，将吸氧剂融入高分子材料中，制备不同应用环境中的吸氧产品，有效并安全地解决装备（设备）各种材料所产生的锈蚀、老化、霉变等问题。

事实上，在现有装备现行防锈包装方案中，最主要的措施是除湿，而对除氧的问题考虑得不多，这主要是由除氧的技术手段较缺乏造成的。

### 1.1.2 国内外研究现状

目前，国内外对吸氧剂的研究也较多，主要可分为无机吸氧剂和有机吸氧剂两种。

#### 1.1.2.1 无机吸氧剂

无机吸氧剂一般有金属铁粉、亚硫酸盐等，其中铁粉在日常生活中常被用作独立包装的小包吸氧剂。綦菁华等人针对自动反应型的铁系吸氧剂进行改性，得出了改性的自动反应型铁系吸氧剂的最佳配方，此吸氧剂 8g 经 24h 吸氧量为 850.5mL。

西南大学郑晓燕在其硕士学位论文（铁系吸氧剂的开发及其在糕点吸氧包装保藏的研究，2009 年）中研究了自动反应型最佳吸氧剂配方，1g 铁粉 5h 吸氧量为 105mL。

穆宏磊等利用异辛烷/Span80-Tween60/正丁醇微乳体系制备纳米铁粉，对吸氧量测定表明，纳米铁粉的吸氧量是普通铁粉的 1.5 倍，吸氧速度明显提高。

日本住友化学公司的中江清彦等发明了聚烯烃和铁粉组成的吸氧片，将聚烯烃和铁粉在挤出机中熔融共混，再经模塑得到薄膜或膜片，经拉伸后可形成微孔隙，这样均匀分散的铁粉通过大量的微空隙与空气接触，可有效地吸附空气中的氧气，而且使用方便，不易泄漏。

承民联等将还原铁粉、E/VAL、增容剂和低密度聚乙烯（LDPE）通过双螺杆挤出机挤出制备吸氧母料，然后再将该吸氧母料与 LDPE 经单螺杆挤出机挤出并吹塑成吸氧薄膜。研究表明，随着铁粉和 E/VAL 含量的增加、温度的提高以及湿度的增加，薄膜的吸氧量会增加。

王车礼等在 LDPE 中加入还原铁粉制成吸氧薄膜，研究了铁粉含量、铁粉粒径、金属氯化物、无机填料、湿度等因素对该薄膜吸氧性能的影响，提出了吸氧树脂层内部分子传递与反应模型，该理论模型与试验结果吻合良好。

#### 1.1.2.2 有机吸氧剂

有机吸氧剂一般有抗坏血酸、异抗坏血酸及其同系物、奎宁、儿茶酚、葡萄糖氧化酶、油酸、亚油酸等。葡萄糖氧化酶和乙醇氧化酶可被固定在包装膜的内侧来达到吸氧目的，或在包装膜内混入有机螯合物来实现吸氧，如 B. D. Zenner 等将乙二胺四乙酸亚铁盐均匀地分散于聚氯乙烯（PVC）或聚对苯二甲酸乙-11

(PET) 等基体树脂中，与从基体渗透的水蒸气接触后引发吸氧，还可添加抗坏血酸等作为辅助吸氧剂。试验证明，当添加配比为 1：1 的乙二胺四乙酸亚铁盐和抗坏酸钠时，该材料的吸氧量最大，可达 30.4μmol/d。吴小洁发明了用于塑料啤酒瓶盖的吸氧阻氧型内垫材料，将聚偏二氯乙烯用乙酸乙酯溶解后，形成澄清透明溶液喷涂于瓶盖的内侧，自然干燥后形成首层阻隔层嘧啶类吸氧剂通过熔融挤出分散在 E/VAL 基体内，形成第二层阻隔吸氧层。这种吸氧层在常温储存的条件下呈钝化状态，在潮湿和酸性条件下吸氧功能被激活。

#### 1.1.2.3 吸氧塑料

添加低分子吸氧剂的吸氧塑料制备工艺简单，成本低廉，吸氧效果好，可以达到食品饮料的包装要求。但是这种吸氧塑料体系有很多弊端，如加入吸氧剂后包装制品的透明性降低，力学性能尤其是撕裂强度变差，吸氧需要引发条件（如一定的相对湿度），低分子物容易迁移，高温加工过程容易引发吸氧，有些吸氧塑料不符合与食品直接接触的卫生要求，难以循环利用等，限制了其应用范围。

目前美国、日本、俄罗斯等国已经开发出能直接融入包装材料的具有吸氧功能的物质，可与塑料基体共同加工成型，并已有大量专利公开。而国内相关研究和报道还很少，拥有自主知识产权的技术更是凤毛麟角，与国外相比，在技术含量、工艺设计等方面都存在较大的差距。

将吸氧树脂与其他常规塑料如聚丙烯（PP）、聚乙烯（PE）、PET 等共同加工成型，制成单层或多层的具有吸氧功能的塑料包装材料。与添加低分子吸氧剂的吸氧塑料相比较而言，添加吸氧树脂的吸氧塑料由于性能优越，因此更有发展潜力。国外在该领域的研究比较活跃，并有相关的产品问世，国内还没有关于添加吸氧树脂的单层或多层吸氧塑料方面的报道。

国外研究的多层吸氧塑料大都由 3 层或 5 层构成，外层为气体阻隔层，用以阻止外部气体向内渗透；中间层为吸氧层，由吸氧树脂或吸氧树脂与其他树脂的共混物构成；内层为气体渗透层，其主要作用是将被包装物与吸氧层隔开。目前商业化的吸氧树脂有 Oxbar、Amosorb 3000 等，商业化的吸氧塑料有 OSP、ZERO2 等，其中大部分是用于 PET 啤酒瓶的研发，以提高 PET 啤酒瓶的主动阻隔性能。

美国皇冠瓶塞公司推出的 Oxbar 牌号的吸氧树脂为 MXD6 与环烷酸钴的共混树脂，环烷酸钴能促进 MXD6 的氧化从而发挥吸氧作用。

美国 BP Amoco 公司继开发出用于 PP、PE 的铁基吸氧剂 Amosorb 2000 后，于 1998 年开发了专用于 PET 啤酒瓶包装的 Amosorb 3000 共聚酯，这种透明富有韧性的吸氧树脂与 PET 的相容性很好，能与氧发生永久性键合，当氧气经瓶壁和瓶盖渗入瓶中时能截留住氧气，还可在啤酒灌装时吸收瓶顶隙的氧气，该吸氧树脂可用于多层啤酒瓶的内层，已经获得美国 FDA 批准。据报道，当 PET 中掺入 6%的 Amosorb 3000 时，180d 后氧的渗透量仅为 $1\times10^{-6}$g，$CO_2$ 损失约 10%。

美国 Chevron Phillips Chemical 公司开发了商品名为“OSP™”的吸氧共混物体系，其中主要成分为乙烯/丙烯酸甲酯/丙烯酸环己烯基三元共聚物（EMCM），在包装前用紫外线照射可使其产生自由基，该自由基与氧气结合达到吸氧的目的。引发前该体系在空气中可稳定存在，引发后不会产生降解副产物，而且外观透明。由于阻隔层的存在，只有痕量的氧会达到 OSP 层，因此，OSP 一般不会快速消耗且具有非常长的使用寿命。

OSP 与其他聚合物共混仍具有很好的吸氧性能，室温下，线性 LDPE（LLDPE）/OSP™（70∶30）共混物约 10d 后达到近 70mL/g 的最大吸氧量。

美国 Cryovac 密封气体公司采用 OSP 制作了用于透明包装的 OS1000 薄膜，被瑞士雀巢公司下属的 Nestle Buitoni 公司用于包装各种面食制品并投放到美国市场，其中包装盒壁为热成型 E/VAL 阻隔层，盒上部采用 OS1000 薄膜密封，这样可使食品包装盒内的氧气含量降低至 0.1%以下，从而使食品货架寿命延长 50%。

澳大利亚 Southcorp Packaging 公司与 CSIRO 公司的食品科学分部合作开发了商品名为 ZERO2 的新型可吸氧塑料包装材料，该材料能够减缓包装物如肉类等的变色，抑制微生物的生长，使很多包装食品的货架寿命延长 1 倍，它可应用于不同品种的包装材料，如塑料薄膜、PET 瓶、金属罐的涂层或者玻璃瓶的密封盖等。

美国 Grace 包装公司的 D. V. Speer 等通过共挤出制备了基体为乙烯基聚合物的吸氧塑料，以过渡金属盐作为催化剂，发现采用电子射线或紫外线辐照，可使吸氧速率提高，同时可加入光引发剂和抗氧剂来控制吸氧过程。

日本的儿岛直行等发现，使用电子射线辐照中间层为 MXD6、内外层为 PET 的瓶体后，在这两种树脂内均可产生自由基，由于 MXD6 的主链上含有亚二甲苯基，因此照射后更容易产生自由基，这些自由基能与溶解并存在于树脂内的氧气反应，发挥吸氧作用，而且加工过程不需要添加过渡金属催化剂或引发剂等。当用 20kGy 的射线辐照时，MXD6/PET 共混物所制得的 300mL 的瓶体，经过 40d 后每瓶的氧透过量为 0.012mL/d。研究进一步发现，单独的 PET 在电子射线辐照下也具备一定的吸氧能力。

日本东洋制罐株式会社的小松威久男等发明了一种具有高吸氧性并能长时间吸收氧气的吸氧树脂，其组成包括聚烯烃、二烯烃或二烯的共聚物及过渡金属催化剂，其中含量较低的二烯烃或二烯的共聚物分散于聚烯烃基体中。该吸氧树脂能以粉末、颗粒、片材的形式用于密封包装袋内的氧气吸收，也可掺入树脂或橡胶中用于形成衬里、垫圈或涂层以吸收残留在包装内的氧气，还可以形成层压体与 PET 复合，形成多层吸氧塑料。

多层吸氧塑料在国外已经开始商业化，并有产品投入市场，但只占有很少的市场份额。这是因为：（1）生产多层包装材料的技术复杂，加工设备昂贵，维护费用也不菲，导致吸氧塑料的价格居高不下；（2）吸氧树脂在整个包装材料中的含量较低，所以形成均一稳定的吸氧层是比较难的，若芯层与内外层结合不紧密，则会留有通道，使得氧气更容易通过；（3）多层吸氧塑料的层与层之间的界面结合薄弱，在使用中或充填过程中受到压力可能会发生分层；（4）多层材料复合使得瓶体的透明度降低；（5）内外层材料理化性能不完全相似，不易分离，难以循环使用。将吸氧树脂与高阻隔性塑料进行共混，使之均匀分布于塑料基体中，可形成单层吸氧塑料包装材料。

美国 Constar International 公司作为食品、饮料领域主要的 PET 容器供应商推出的单分子型吸氧树脂 MonOxbar 可直接加入到单层 PET 中，也可作为中间层形成三层瓶，主要用于具有氧敏感性产品的包装，例如面酱、调味番茄酱、啤酒、维他命等。MonOxbar™树脂已经达到了美国和欧洲食品接触包装方面的法规要求。2007 年 1 月由该公司开发的改良型 DiamondClear 吸氧树脂已经得到 FDA 的认证，可直接与 PET 共混形成单层结构用于食品包装，其阻氧性比同类产品有所提高，透明性甚至要高于玻璃，可用于果汁、茶和番茄类产品的包装。

英国 BP 公司开发的 Amosorb DFC 氧清除剂可用于单层 PET 瓶，赋予果汁和啤酒包装材料高阻隔性能，并可简化生产、降低成本及更易于回收。在加工前将树脂与 Amosorb DFC 立即掺混可使清除剂效能的损耗最小。目前已经在美国 Graham Packaging 公司得到应用。BP 公司将 PET 与聚烯烃低聚物在双螺杆挤出机中经反应挤出，生成由过渡金属催化剂引发吸氧的缩合共聚物，可直接制成包装制品或被引入包装制品中，形成单层（或多层）包装，在环境温度下该共聚物的吸氧能力为商品 Oxbar 体系的 10 倍。BP 北美公司的 J. M. Tibbitt 等在此基础上再加入链增长剂——均苯四甲酸二酐（PMDA）以防止烯烃低聚物的降解，并维持吸氧共聚物的玻璃化转变温度。经试验，利用该材料制备的 PET 单层瓶不会在口感上察觉到啤酒味道的差异。

意大利 Mossi & Ghisolfi 集团开发了名为 ActiTUF 的具有双重阻隔性的 PET 材料，其中主动阻隔功能是采用一种专利的吸氧技术，需要水来催化；被动阻隔功能则是根据具体使用要求，加入纳米层状硅酸盐和 MXD6 来实现。当容器中装入饮料时才触发与氧气的反应，因此只适合含水的包装物，ActiTUF 可取代玻璃和易拉罐，作为啤酒和饮料的替代材料。ActiTUF 可以回收，回收方法与标准 PET 相同。

2003 年比利时 Interbrew 公司在俄罗斯的分支机构 SUN Interbrew 公司推出独创的以 ActiTUF 为原料的新型单层聚酯瓶啤酒包装 Pivopack。据称，Pivopack 是全球第一款单层阻隔加强型聚酯瓶。Pivopack 瓶包装的 Klinskoye 啤酒于 2003 年 2 月在俄罗斯市场首先推出。

美国英威达公司开发的 PolyShield 是一种具有吸氧性和气体阻隔性的改良型 PET 共混树脂，将 PET 与 MXD6 在吹塑机中共混，其中还加入了专用的增容剂和催化剂，具有阻隔 15%以上 $CO_2$ 的能力和低于 $1\times10^{-6}g/a$ 的渗氧性，可用于生产透明的单层 PET 啤酒或饮料瓶，使啤酒或饮料在整个保质期内能保持新鲜原味，其优异的吸氧性避免了其他类似产品的“空瓶寿命”问题，利用 PolyShield 树脂生产的琥珀及绿色瓶子还可以循环使用。该技术可用普通注塑机生产瓶坯，下游厂商不需要额外投资，不会增加生产过程的复杂性，使产品成本大大降低，已被全球数家啤酒生产商试用，预计将会产生良好的经济效益。2004 年 7 月，PolyShield 树脂得到了欧盟啤酒包装食用安全相关法律的认可，可以直接用于啤酒包装。

单层吸氧塑料克服了多层吸氧塑料的加工困难、相容性差、难以回收利用等缺点，虽然目前多层塑料仍占据啤酒、果汁、调味品及其他的氧敏感性产品包装的主要市场，但是工艺更简单、更具有经济价值的单层吸氧塑料将会给多层吸氧塑料带来巨大的挑战，必将在未来的包装市场中异军突起。

#### 1.1.2.4 吸氧塑料的吸氧机理

在塑料基体中加入具有吸氧功能的物质，经过吹塑或挤出等手段可加工成具有吸氧功能的塑料薄膜或容器。吸氧塑料的吸氧机理主要有两种：一种是利用塑料中添加的低分子吸氧剂的氧化反应，这种吸氧剂实际上是抗氧化剂的一种，易与氧气反应生成稳定氧化物，属于化学吸收吸氧；另一种是利用特定结构的吸氧树脂的自身氧化，这种吸氧树脂通常在主链或侧链上含有双键、羰基等活性基团，或在主链内含有活性亚甲基，如聚丁二烯、聚异戊二烯、烯烃共聚物、尼龙 6、聚己二酰间苯二胺（MXD6）、（乙烯/乙烯醇）共聚物（E/VAL）等。氧气进攻吸氧树脂主链上的薄弱环节，如双键、羟基、叔碳原子上的氢等基团或原子，生成氧化物或过氧化物，来实现吸氧树脂的吸氧作用。光、热、紫外线、电子射线、水蒸气、过渡金属催化剂（铁、钴、镍、铜等过渡金属盐）或引发剂等都会促进这种氧化反应的进行，属于自由基链式反应。

### 1.1.3 主要内容

本章以满足装备（设备）储存环境对氧气浓度的要求为目标，重点研究了铁系和有机高分子系吸氧阻氧材料的制备及性能，从快速铁系吸氧剂的研制及其影响因素分析、吸氧吸湿剂、吸氧聚氨酯海绵、CM 吸氧阻氧膜等材料的研制过程、有机吸氧体系的合成与改性研究等方面进行了讨论。

## 1.2 铁系吸氧体系的合成与改性研究

利用机械合金化工艺制备了微米级 Fe-C-X 三元复合吸氧粉末，以其为主要成分制备了快速铁系吸氧剂。与文献报道或专利公开的铁系吸氧剂相比，该吸氧剂的特点是反应启动快，30min 内每克铁粉可吸氧 66mL 氧气，最大吸氧量为 220mL。相同条件下未经合金化的铁粉 30min 内只能吸收 2.4mL 氧气。解决了普通的铁系吸氧剂因吸氧速率慢，不能及时将空间中的氧气除去，在氧浓度降低到安全范围之前，被封存的金属材料已经锈蚀的问题。该快速吸氧剂可迅速将包装空间内氧浓度降低到安全范围内，适用于高温、高湿、高盐等恶劣条件下金属的防护封存。

### 1.2.1 快速铁系吸氧剂的研制

为了提高吸氧剂的吸氧速率，研究者们通过不同的手段提高铁粉的除氧活性，比如穆宏磊等利用异辛烷/Span80-Tween60/正丁醇微乳体系制备纳米铁粉。相对于普通还原铁粉，随着纳米铁粒子的细化，其体积和表面积发生很大变化，产生明显的体积效应和表面效应，使其具有优越的吸附性能及很强的物理化学活性。利用纳米颗粒特有的表面效应和小尺寸效应，可以提高铁颗粒的反应活性。吸氧量测定结果表明，纳米铁粉的吸氧量是普通铁粉的 1.5 倍，吸氧速度明显提高。但由于制备纳米铁工艺复杂，成本较高，在实际应用中必然受到限制。

根据铁系吸氧剂的反应机理，拟从利于工业化的角度出发寻找提高铁粉反应活性的方法。铁系吸氧剂的反应机理为铁粉的电化学吸氧腐蚀。

电极反应为

阳极：
$$Fe-2e^- = Fe^{2+}$$

阴极：
$$2H_2O+O_2+4e^- = 4OH^-$$

反应过程中 Fe 作为阳极被氧化，在阴极区（如 C 或其他杂质）$O_2$ 被还原，生成的 $Fe(OH)_2$ 进一步被空气中的 $O_2$ 氧化成三价铁，从而完成了吸氧过程。

有资料表明，铁的吸氧腐蚀为阴极控制。因此，如能选择合适的元素适当增加铁粉表面阴极区面积，即使铁粉粒径远大于纳米级，依然可以显著提高铁粉的反应活性。

本节利用高能球磨的机械合金化工艺，将铁粉、石墨粉混合，或将铁粉、石墨粉与粉末 X 混合，在球磨机中球磨，分别制得 Fe-C 二元复合粉末和 Fe-C-X 三元复合粉末。通过控制各组分的比例和球磨的时间，得到最佳的制备工艺条件，样品装入真空袋备用。通过这种方法不仅可以大量制备细化的粉体，而且可将铁粉合金化，增大铁粉表面阴极区面积。

## 1.2.2　合成条件对铁系吸氧剂吸氧性能的影响

### 1.2.2.1　碳粉种类对 Fe-C 复合粉末反应活性的影响

将铁粉与碳粉按原子比 1∶0.1 混合后球磨，目的是在球磨过程中得到结合良好的 Fe-C 合金粉末，利用 C 来增加铁粉表面阴极区面积，从而形成有效的腐蚀微电池。本节考察了石墨粉与活性炭粉对吸氧速率的影响。表 1-1 为相同 C 含量球磨 5h 的铁-石墨复合粉末和铁-活性炭复合粉末在不同时间的吸氧量。

表 1-1　铁-石墨复合粉末和铁-活性炭复合粉末吸氧速率对比

| 时间/min | 10 | 30 | 60 |
|---|---|---|---|
| 铁-石墨复合粉末吸收氧气体积/mL | 24 | 110 | 360 |
| 铁-活性炭复合粉末吸收氧气体积/mL | 6 | 12 | 18 |

结果表明，石墨的润滑性既可以作为助磨剂增加铁粉的破碎概率，得到细化的铁粉，同时可以与铁粉在界面通过机械压力结合，构成腐蚀微电池的两极，因此石墨的加入可显著提高铁粉的吸氧速率，而活性炭则不具有这样的作用。

### 1.2.2.2　球磨时间对 Fe-C 复合粉末反应活性的影响

取球磨时间分别为 1h、3h、5h 和 7h 的 Fe-C 二元复合粉末，测定其吸氧速率，结果见图 1-1。

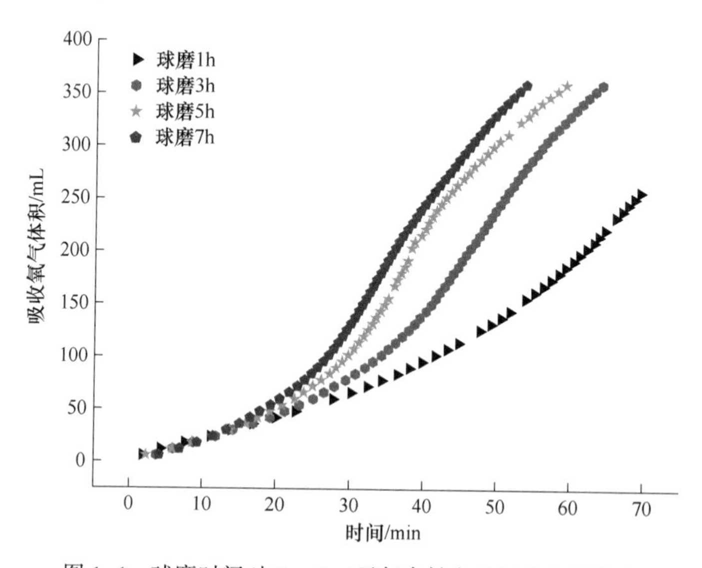


图 1-1　球磨时间对 Fe-C 二元复合粉末吸氧速率的影响

结果表明，增加球磨时间，可明显提高铁粉的吸氧速率。这是因为球磨的作用有两个：一是铁粉与石墨混合的粉末在球磨过程中受到球的碰撞、挤压、摩擦后，可以将粉末细化，而铁粉越细，反应活性越高；二是细化后的粉末在压力作用下互相结合，即得到 Fe-C 复合粉末，从而造成铁粉表面的电化学性质不均匀，使表面上出现许多微小的电极而组成大量腐蚀微电池，从而显著提高吸氧速率。球磨时间短，铁粉的粒径较粗，同时铁粉与石墨粉不能很好地结合，导致形成的腐蚀电池的数目少而吸氧速率低。延长球磨时间，既可以降低铁粉的粒径，还可以形成更多的腐蚀微电池。但球磨 7h 与球磨 5h 相比，吸氧速率提高幅度并不大，因此单纯依靠延长球磨时间来提高吸氧速率效率不高。为此，考虑到在铁粉与石墨粉混合体系中添加少量 X 粉末，以进一步提高铁粉的吸氧速率。

#### 1.2.2.3 粉末 X 对铁基复合粉末反应活性的影响

粉末 X 的加入方式有三种，将粉末 X 与铁粉和石墨粉混合球磨，制备 Fe-C-X 三元复合粉末；将粉末 X 与 Fe-C 二元复合粉末直接混合；将粉末 X 与石墨混合球磨，取 X-C 二元复合粉末与 Fe-C 二元复合粉末混合，三种加入方式中 X 含量相同，球磨时间均为 5h。测试不同加入方式的吸氧速率，结果见图 1-2。

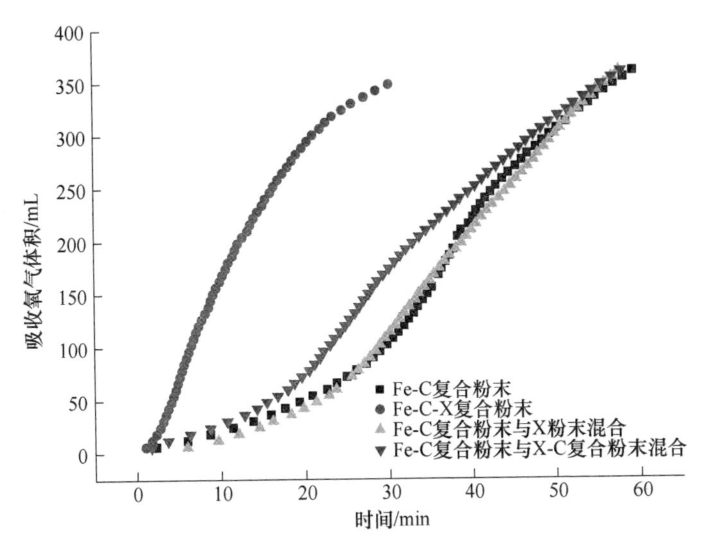


图 1-2 添加粉末 X 对复合粉末吸氧速率的影响

结果表明，添加粉末 X 的 Fe-C-X 三元复合粉末反应启动速率明显快于未添加粉末 X 的 Fe-C 二元复合粉末，30min 内吸氧量分别为 330mL 和 110mL。而直接将粉末 X 加入 Fe-C 二元复合粉末中或将球磨 5h 的 X-C 二元复合粉末加入 Fe-C 二元复合粉末中，对反应速率影响不大。这说明 X 粉末与铁粉和石墨粉共同球磨，并不是 X 粉末与 Fe-C 二元复合粉末简单的物理混合，而是三种粉末共同合金化，通过压力作用在界面实现了物理结合，X 粉末的加入提高了吸氧腐蚀电化学反应的启动速率。

#### 1.2.2.4　粉末 X 用量对铁基复合粉末反应活性的影响

其他条件不变，改变粉末 X 在 Fe-C-X 三元复合粉末中的用量，球磨时间均为 5h，测定吸氧速率，结果见图 1-3。

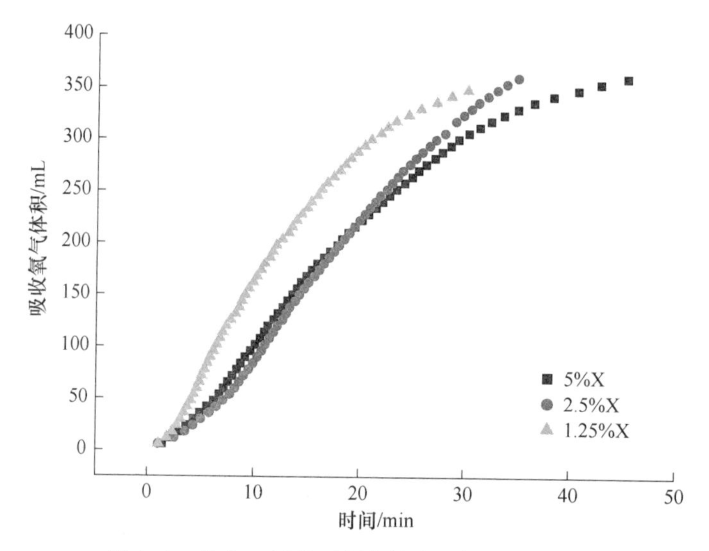


图 1-3　粉末 X 用量对复合粉末吸氧速率的影响

结果表明，少量 X 粉末的加入可显著提高吸氧腐蚀电化学反应的启动速率，但当增加 X 粉末用量时，反应速率反而有所下降，这是因为少量 X 粉末在反应中即可起到引发剂的作用，用量增加后会对铁粉表面有覆盖作用，从而使反应速率降低。

最终确定，将还原铁粉、石墨粉和粉末 X 按原子比 1∶0.1∶0.0125 混合，利用行星式高能球磨机进行球磨制备 Fe-C-X 三元复合粉末。以该粉末为主要成分制备快速化学吸氧剂。

#### 1.2.2.5　吸氧剂对 Q235 钢的防腐性能测试

利用加速腐蚀试验装置（图 1-4）测试吸氧剂对 Q235 钢的防腐性能。方法如下：在大烧杯中加入 60mL 水，在小烧杯中放入 5g 吸氧剂，将 Q235 钢金属试片（50mm×25mm）呈水平方向用透明胶密封于烧杯上部，然后将大烧杯置于温度为 40℃的恒温水浴中，观察金属试样的腐蚀状态。

结果表明，在试验进行到 30min 时，空白对照试验与放置市售普通铁系吸氧剂的金属试片均产生均匀点蚀，而放置 Fe-C-X 复合粉末吸氧剂的金属试片 48h

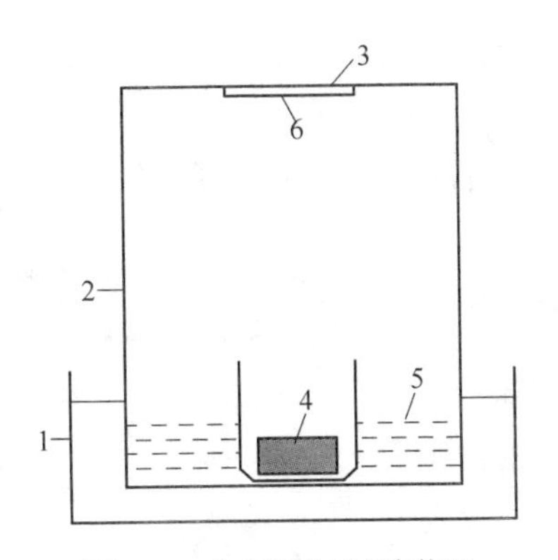


图 1-4 加速腐蚀试验装置

1—水浴；2—800mL 烧杯；3—透明胶带；4—吸氧剂；5—水；6—金属试片

后依然光亮如初。说明本节中的铁系吸氧剂可迅速吸收包装中的氧气，适用于较为恶劣环境条件下的金属防护。

#### 1.2.2.6 铁基复合粉末的微观形貌观察

采用扫描电镜观察铁基复合粉末的微观形貌，图 1-5 为球磨 5h 的复合粉末放大 2 万倍的 SEM 照片。

可看出经 5h 球磨后，粉末颗粒尺寸和形貌发生了明显变化，三种复合粉末均达到微米级。复合粉末各组分间并非简单的物理混合，而是在界面通过机械压力彼此结合。未加入石墨粉 Fe-X 复合粉末为球形颗粒，在铁粉基体上分散着小的 X 颗粒（图 1-5c）。有石墨存在时，由于石墨的自润滑性有阻碍金属颗粒重新焊合的作用，增加了破碎概率，使混合粉末成为片状颗粒（图 1-5a、b）。在Fe-C-X 复合粉末中，细小的 C 颗粒和 X 颗粒结合在片状的铁基体上（图 1-5a），共同构成短接的腐蚀微电池，提高了反应速率。

a

b

c

图 1-5　复合粉末 SEM 形貌

a—Fe-C-X 复合粉末；b—Fe-C 复合粉末；c—Fe-X 复合粉末

#### 1.2.2.7　结论

经过上述试验结果分析，得到如下三个结论：

（1）利用机械球磨法制备了 Fe-C 二元复合粉末，研究了球磨时间对吸氧速率的影响，延长球磨时间有利于提高吸氧速率，但单纯依靠延长球磨时间来提高吸氧速率效率不高。在铁粉和石墨粉的混合物中加入第三种粉末 X，通过球磨制备 Fe-C-X 三元复合粉末吸氧速率显著提高。

（2）SEM 表示经 5h 球磨后，复合粉末均达到微米级，各组分间在界面通过机械压力彼此结合。在 Fe-C-X 复合粉末中，细小的 C 颗粒和 X 颗粒结合在片状的铁基体上，共同构成短接的腐蚀微电池，提高了反应速率。

（3）吸氧剂反应启动速率快，5g Fe-C-X 三元复合粉末 30min 内吸氧量达到 330mL，可迅速将包装空间内氧浓度降低到安全范围内，适用于高温、高湿、高盐等恶劣条件下金属的防护封存。

### 1.2.3　吸氧吸湿剂的研制

引起装备（设备）产生腐蚀、霉变、老化等现象的原因除了氧气的因素，还有一个重要因素就是包装环境中水的存在。比如弹药贮存环境的相对湿度一般要求控制在 40%～70%范围内，环境湿度过高或过低都将影响其贮存可靠性和可靠贮存寿命。另外，水分是霉菌生活与繁殖的重要条件之一。霉菌孢子只有在潮湿的条件下才能发芽。当湿度低于 60%时，霉菌的发芽和生长几乎是不可能的，为安全湿度；当湿度高于 80%时，可使霉菌大量繁殖，为危险湿度。因此湿度控制是装备保障工作中需要解决的一个重要问题。

拟研制一种既可以除氧，又可以将环境湿度控制在安全范围内的吸氧吸湿剂，以扩大吸氧剂的应用范围。

铁系吸氧剂通过电化学吸氧腐蚀过程使铁与环境中的微量水分一起来除去环境中的氧气，因此铁系吸氧剂本身具有一定的吸湿能力，但吸湿容量有限，在包装环境中水分含量较多的情况下不能将环境湿度降低到所需的安全范围。

吸湿材料一般包括无机吸湿材料和有机吸湿材料两大类，目前常用的吸湿材料主要是一些无机材料，如氯化钙、石灰、硅胶、黏土等，上述吸湿材料吸湿速率快，但在吸湿容量或稳定性等方面存在不同程度的缺陷。相比而言，有机吸湿材料吸收空气中水分的能力远大于无机吸湿材料，但纯的有机吸湿材料一般吸湿速率不高。对比有机吸湿材料和无机吸湿材料的特点，笔者希望通过将有机吸湿材料与无机吸湿材料共混，来寻找一种吸湿容量高、吸湿速率快，且适于与吸氧剂共同使用的吸湿材料。

#### 1.2.3.1 以改性聚丙烯酸钠树脂与无机盐共混物作为吸湿成分制备吸氧吸湿剂

##### A 改性聚丙烯酸钠在盐溶液中的吸水倍率

聚丙烯酸钠吸水树脂与吸湿性无机盐的共混物吸湿到一定程度后，树脂所处的环境是含有金属离子的盐溶液，因此研究吸水树脂在盐溶液中的吸水倍率及其溶胀行为具有重要意义。

由于金属离子的价态对改性聚丙烯酸钠吸水树脂的吸水倍率影响较大，在多价态阳离子溶液中吸水倍率下降趋势明显，因此本节选择阳离子为一价的吸湿性无机盐与树脂共混。将改性聚丙烯酸钠吸水树脂（试验室自制）置于质量分数为1%的不同钠盐溶液中，待吸水树脂达到溶胀平衡后，用细密纱巾过滤多余的水，然后称重，计算吸水倍率。结果见表1-2。

**表1-2 改性聚丙烯酸钠在1%盐溶液中的吸水倍率**

| 盐溶液 | NaCl | NaAc | $Na_2HPO_4$ | $Na_2CO_3$ |
|---|---|---|---|---|
| 吸水倍率 | 63.2 | 81.8 | 82.3 | 75.8 |
| 盐溶液 | $Na_2SO_4$ | NaF | $NaNO_2$ | PhCOONa |
| 吸水倍率 | 78.2 | 60.3 | 72.6 | 88.4 |

从理论上来讲，该项指标可用来预测相对湿度100%、吸湿时间足够长的理想状态下，改性聚丙烯酸钠吸水树脂与相应比例无机盐共混物的最大吸湿容量。上述数据表明，从吸湿容量上来讲，有机树脂与无机盐共混物比常用的无机吸湿材料高得多。

##### B 共混物的吸湿性能研究

将0.5g改性聚丙烯酸钠吸水树脂与0.5g不同种类的一价钠盐共混，均匀平铺于5cm直径的表面皿上，置于测试容器隔板上，容器内相对湿度为100%，温度25℃，定期取出称重。测试结果见图1-6。

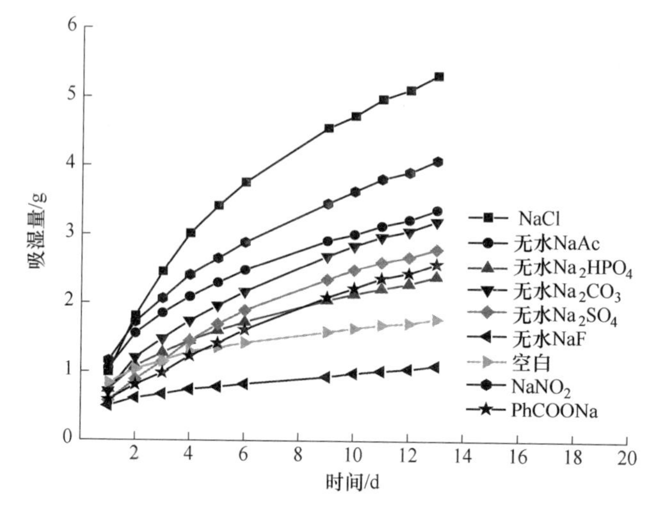


图1-6　有机树脂与不同无机钠盐共混物吸湿速率比较

结果表明，除改性聚丙烯酸钠吸水树脂与无水NaF共混物外，该树脂与其他钠盐共混物吸湿速率与树脂本身相比均显著提高，尤其是以NaCl和树脂共混的效果最好。因此，从吸湿容量、吸湿速率、环保性和成本等多方面考虑，选取NaCl作为与吸水树脂共混的无机盐，恰巧$Cl^-$具有加速铁粉发生吸氧腐蚀的作用，为铁系吸氧剂的组分之一。

C　吸氧吸湿剂性能研究

将5g Fe-C二元复合粉末、1g硅藻土、1g NaCl、1g改性聚丙烯酸钠吸水树脂混合均匀，将上述混合物置于表面皿上，然后将表面皿置于连有测氧仪、容积为6L的干燥器中，测试其吸氧量和吸湿量。干燥器内分别通过加入100mL蒸馏水调整相对湿度100%或加入100mL甘油水溶液调整相对湿度45%。测试时间为24h。结果见表1-3。

**表1-3　以改性聚丙烯酸钠吸水树脂主要吸湿成分的吸氧吸湿剂性能**

| 项　目 | 吸收氧气体积/mL | 吸氧吸湿剂总增重/g |
|---|---|---|
| 100%湿度 | 400 | 3.4112 |
| 45%湿度 | 0 | 0 |

吸氧吸湿剂依靠吸收环境中的水分来引发铁粉的电化学吸氧腐蚀，因此吸湿性能会直接影响吸氧性能。结果表明，以自制的改性聚丙烯酸钠与NaCl共混物为吸湿材料的吸氧吸湿剂，在低湿条件下不具备吸湿能力，也不具备吸氧能

力。在高湿条件下，具备一定的吸湿和吸氧能力。由于采用的聚丙烯酸钠树脂凝胶强度不够，吸湿到一定程度后体系发黏，影响了氧气的通透性，因此吸氧量不高。

因此，拟继续开发吸氧吸湿效果更好的吸氧吸湿剂。

#### 1.2.3.2 以耐盐性吸水树脂与氯化钙共混物作为吸湿成分制备吸氧吸湿剂

金属卤化物作为铁粉发生吸氧腐蚀的催化剂，是铁系吸氧剂的必需组分。除了 NaCl 可作为吸湿性无机盐，另外一种具有强烈吸湿性的就是 $CaCl_2$。由于 $CaCl_2$ 水溶液的饱和蒸气压较低，可用于在低湿条件下吸湿。表 1-4 为吸氧剂中常用卤化物及无机填料在 45%RH 条件下的吸湿量对比，测试时间为 5h。

**表 1-4 不同卤化物及无机矿物在 45%RH 条件下的吸湿量**

| 物质 | NaCl | $CaCl_2$ | 硅藻土 | 矿物干燥剂 |
|---|---|---|---|---|
| 吸湿量/g | — | 0.35 | — | 0.06 |

试验结果表明，低湿条件下 NaCl 及硅藻土不具备吸湿性能，因此选用 $CaCl_2$ 和矿物干燥剂作为吸湿剂。由于高分子吸水树脂吸湿容量大，可将 $CaCl_2$、矿物干燥剂和高分子吸水树脂配合使用，由于 $CaCl_2$ 的存在，必须选用耐盐性吸水树脂。

A 耐盐型吸水树脂 Y 对吸湿材料吸湿性的影响

为了验证耐盐型吸水树脂 Y 的吸湿性能，测定以下两组混合物在 25℃、100%RH 条件下的吸湿量，测定时间为 24h，结果见表 1-5。

**表 1-5 耐盐型吸水树脂 Y 对混合物吸湿性的影响**

| 混合物组成 | 0.5g $CaCl_2$<br>2g 矿物干燥剂 | 0.5g $CaCl_2$<br>2g 矿物干燥剂<br>0.5g 耐盐型吸水树脂 Y |
|---|---|---|
| 吸湿量/g | 2.3025 | 2.7408 |
| 状态 | 出现大量液体 | 疏松混合物 |

结果表明，耐盐型吸水树脂 Y 的加入明显提高了混合物的吸湿性能，且吸湿后状态疏松，有利于氧气向阴极的扩散，适于在吸氧剂中使用。

B 吸氧吸湿剂性能研究

按表 1-6 中各组分比例配制吸氧吸湿剂，将吸氧吸湿剂置于顶部连有测氧仪探头、容积为 6L 的干燥器中，干燥器内含水 100mL，测定吸氧吸湿剂的吸氧量和吸湿量，测定时间为 24h，结果见表 1-7。

表 1-6　吸氧吸湿剂各组分配比

| 成　分 | 1 号 | 2 号 | 3 号 | 4 号 |
|---|---|---|---|---|
| Fe-C-X 复合粉/g | 5 | 5 | 5 | — |
| 铁粉/g | — | — | — | 5 |
| 活性炭/g | — | — | — | 0.2 |
| $CaCl_2$/g | 1 | 1 | 1 | 1 |
| 矿物干燥剂/g | 2 | 2 | 2 | 2 |
| 耐盐型吸水树脂 Y/g | 1 | — | — | — |
| 聚丙烯酸钠树脂/g | — | — | 1 | — |

表 1-7　1~4 号吸氧吸湿剂的吸氧吸湿性能

| 项目 | 吸收氧气体积/mL | 吸氧吸湿剂总增重/g |
|---|---|---|
| 1 号 | 960 | 10.5336 |
| 2 号 | 900 | 6.3870 |
| 3 号 | 480 | 5.0023 |
| 4 号 | 240 | 3.8415 |

结果表明，含有耐盐型吸水树脂 Y 的 1 号吸氧吸湿剂的吸氧量及吸湿量均高于不含吸水树脂的 2 号吸氧吸湿剂及含有聚丙烯酸钠吸水树脂的 3 号吸氧吸湿剂。未采用合金化将 1 号吸氧吸湿剂置于含水量不同的容积为 6L 的干燥器中，测定吸湿达平衡后干燥器内相对湿度，试验结果见表 1-8。

表 1-8　1 号吸氧吸湿剂对环境湿度的影响

| 容器内含水量/g | 无冷凝水（RH100%） | 2 | 4 |
|---|---|---|---|
| 平衡后干燥器内相对湿度/% | 41.7 | 64.8 | 72.5 |

试验证明，本节中的吸氧吸湿剂不仅吸氧速率快，而且吸湿量大。因此利用该吸氧吸湿剂对装备（设备）进行防护包装，在高湿环境下不仅可以除去包装空间内的氧气，还可根据包装空间中的绝对湿度调整用量，将包装环境相对湿度降至安全范围，对装备（设备）的防护更安全、可靠。

C　吸氧剂对 Q235 钢的防护封存效果研究

将浸有 1mL 水的脱脂棉置于 100mL 试剂瓶中，然后放入用透气膜包装的 2g 1 号吸氧吸湿剂和 Q235 钢金属试片，密封试剂瓶。将试剂瓶置于 30℃ 环境中，观察金属试片的状态。

24h 后观察发现，未放置吸氧吸湿剂的空白对照试验中金属试片上有冷凝水滴，试片已产生锈点。放有吸氧吸湿剂的金属试片没有变化，继续观察 1 个月，金属试片仍光亮如初。

### 1.2.4 吸氧聚氨酯海绵的研制

聚氨酯海绵由于具有质量轻、密度小、比强度高、耐冲击性好等优点，是包装工业中常用的缓冲材料，常被用于精密仪器仪表以及弹药等军事器械的包装。而在现代包装中，许多电子元件、光学器材及军事器械在储存及运输中不但要求防震，还要求能够防止材料产生腐蚀、霉变及老化等问题。因此，如能开发出具有吸氧功能的聚氨酯海绵，则既可以除去包装中的氧气，又能作为缓冲材料，将是一种理想的包装材料。

合成具有吸氧功能的聚氨酯海绵，可考虑将吸氧剂以填料形式加入聚醚多元醇体系中，采用一步法发泡工艺制备聚氨酯海绵。普通的铁系吸氧剂一般是将还原铁粉、活性炭及无机填料经物理混合后，在有水存在条件下，通过铁粉发生电化学吸氧腐蚀来吸收包装空间中的氧气。如将这样的吸氧剂直接加入到聚醚多元醇体系中进行发泡，各组分间由于被分散而致使电化学吸氧腐蚀发生困难，从而影响吸氧速率。

本节中将 Fe-C-X 三元复合粉浸渍于 20%碱金属或碱土金属卤化物溶液中，真空干燥得到铁粉复合吸氧粉末。由于此复合吸氧粉末的微观颗粒上阴极、阳极和电解质彼此结合，而非简单的物理混合，因此将其填充到聚氨酯海绵中，不会由于各组分被分散而导致电化学吸氧腐蚀发生困难，因此有望制备出具有实用价值的吸氧聚氨酯海绵。

#### 1.2.4.1 主要试验原料和试验仪器

主要试验原料见表 1-9，主要试验仪器见表 1-10。

表 1-9 主要试验原料

| 原料名称 | 规格 | 厂　　家 |
|---|---|---|
| 聚醚多元醇（330N） | C. P. | 天津石化三厂 |
| 甲苯二异氰酸酯（TDI 80/20） | C. P. | 武汉市江北试剂厂 |
| 丙烯酸（AA） | A. R. | 天津市永大化学试剂开发中心 |
| 丙烯酰胺（AM） | A. R. | 天津市科密欧化学试剂有限公司 |
| 氢氧化钠 | A. R. | 天津市凯通化学试剂有限公司 |
| 三乙烯二胺（A-33） | C. P. | 上海试剂厂 |
| 辛酸亚锡（T-9） | C. P. | 北京化学试剂厂 |
| 稳定剂 L580 | C. P. | 美国气体公司 |
| 过硫酸钾 | A. R. | 天津市永大化学试剂开发中心 |

续表 1-9

| 原料名称 | 规格 | 厂　家 |
|---|---|---|
| N，N′-亚甲基双丙烯酰胺 | A. R. | 北京化学试剂公司 |
| 环烷酸钴 | A. R. | 北京化学试剂公司 |
| 马来酸酐 | A. R. | 天津市光复精细化工研究所 |
| 偶氮二异丁腈（AIBN） | A. R. | 天津市永大化学试剂开发中心 |
| 十二硫醇（DDM） | A. R. | 国药集团化学试剂有限公司 |
| Fe-C-X 三元复合吸氧粉 | | 自制 |

**表 1-10　主要试验仪器**

| 仪器名称 | 型号 | 厂　家 |
|---|---|---|
| 电子天平 | FC204 | 上海精密科学仪器有限公司 |
| 干燥器 | $\phi$300/210mm | 北京龙源玻璃制品厂 |
| 精密电动搅拌器 | JJ-90W | 江苏荣华仪器制造有限公司 |
| 电热鼓风干燥箱 | DGG-101-2 | 天津天宇机电有限公司 |
| 微型高速万能粉碎机 | FW80 | 北京中兴伟业仪器有限公司 |
| 控温电热套 | KDM | 山东菏泽电子控温研究所 |

### 1.2.4.2　多孔聚氨酯材料的制备

多孔聚合物材料是一类具有三维网状开孔结构的高分子材料。网状聚氨酯多孔材料是其应用最为广泛的一种，通常由聚醚多元醇、异氰酸酯、发泡剂、表面活性剂等组分采用一步法发泡而成。目前相关技术已经很成熟，但其性能受生产环境和加工工艺影响较大，在试验环境或操作过程有差异时往往需要对其进行实测修正。

A　基准配方的选择

以聚醚多元醇 330N、TDI80/20 为主要原料，水为发泡剂，L580 为泡沫稳定剂，辛酸亚锡和三乙烯二胺为催化剂制备多孔材料。参照工业上制备海绵的配方中原材料与之类似的配方，选择基准配方，见表 1-11。

**表 1-11　基准配方**

| 组　分 | 330N | 辛酸亚锡 | 三乙烯二胺 | L580 | 水 | TDI 80/20 |
|---|---|---|---|---|---|---|
| 用量/份 | 100 | 0.35 | 0.35 | 2.0 | 4.8 | 65 |

B　制备工艺流程

本试验采用较常用的工艺，工艺流程如图 1-7 所示。

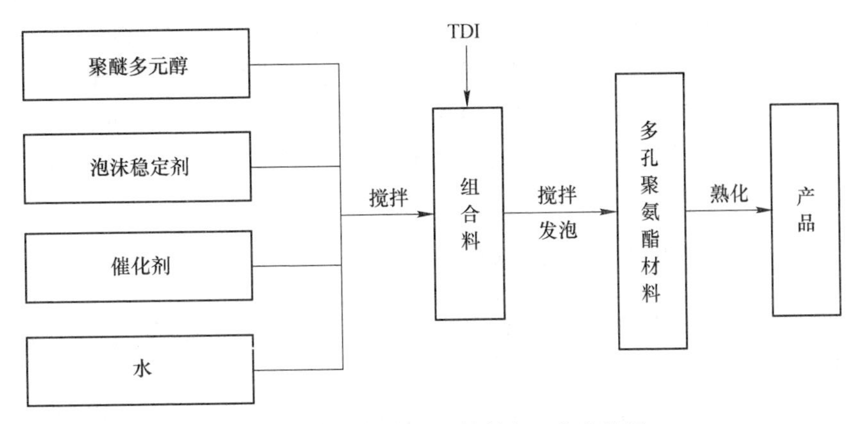


图 1-7 多孔聚合物材料制备工艺流程图

试验装置如图 1-8 所示，具体试验步骤为：称取定量的泡沫稳定剂 L580、催化剂（三乙烯二胺、辛酸亚锡）和水加入盛有 10g 聚醚 330N 的烧杯中，搅拌 10min 得到均匀的组合料，置于烘箱中加热至一定温度。称取定量的 TDI 加入组合料，在转速为 1200r/min 下高速搅拌 10s 后迅速倒入预制好的模具中发泡，发泡完毕后放入 60℃烘箱中熟化 48h，脱模即得产品。

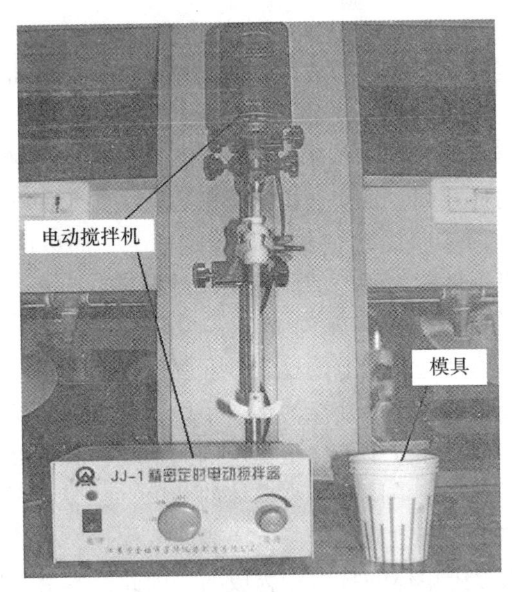


图 1-8 多孔聚氨酯材料制备装置图

C 主要影响因素的确定

本试验研究探讨影响多孔聚氨酯材料发泡倍率（或泡孔大小）及力学性能（拉伸强度和回弹性能）的主要因素。影响多孔聚氨酯材料发泡成型及其性能的因素较多，且较为复杂。主要有聚醚多元醇的种类、催化剂的种类及配比、泡沫稳定剂的种类及用量、发泡剂的种类及用量、物料和模具以及环境的温度、搅拌速率、扩链剂及交联剂等助剂的影响等。此处，主要研究催化剂、泡沫稳定剂、发泡剂及物料温度等几个基本因素对多孔聚氨酯材料的影响。经过前期的大量探索，确定了一些效果较好的工艺参数，如搅拌时间和搅拌速度等，本书不作为研究重点。

#### 1.2.4.3 吸氧聚氨酯海绵的制作

按表 1-11 的基准配方，将复合吸氧粉末以填料形式加入其中，发现存在以下问题：

（1）复合吸氧粉末在整个反应过程中起着成核剂和固体粉末稳泡剂等作用，它的加入提高了体系的黏度，破坏了原有基体海绵的发泡和凝胶反应之间的平衡，影响了发泡过程和海绵的可加工性。

（2）由于硅烷偶联剂分子一端与铁元素的强烈结合，使其严重影响了复合吸氧粉末的吸氧性能。所以，对基准配方中的关键组分聚醚多元醇进行改性，使其形成两亲性接枝共聚物稳定剂。

A 聚合物聚醚多元醇的制备

聚合物聚醚多元醇（Polymer Polyether Polyol Composites，简称 POP）是由微米级聚合物粒子在聚醚多元醇中形成的稳定粒子分散体。它可以通过在稳定剂存在下，乙烯基单体在聚醚介质中分散聚合制得。POP 的基本组成主要有以下三种：作为连续相的聚醚（也称为基础聚醚）、作为分散相的聚合物微细粒子和稳定分散聚合物粒子的稳定剂。目前，国内外的研究主要集中在如何提高聚合物聚醚多元醇中苯乙烯、丙烯腈固含量和贮存稳定性上，而以丙烯酸改性聚醚多元醇，特别是以提高吸湿性能为目的的研究还未见报道。

a 分散稳定剂的制备

稳定剂对于聚合物聚醚多元醇的稳定性和黏度起非常重要的作用，因此高效稳定剂的筛选与合成是改进产品性能的重要手段。稳定剂的品种有两亲性接枝共聚物型和大分子单体型。大分子单体型稳定剂的末端带有可聚合基团。在分散聚合中，大分子单体作为第三单体参与小单体的共聚，原位形成两亲性接枝共聚物稳定剂。采用这一技术具有适应性强、方法简便等优点。目前，以马来酸酐与聚醚多元醇反应制备大分子单体的技术较为成熟。因此，本书采用以马来酸酐接枝聚醚 330N 的方法合成马来酸酐接枝聚醚型大分子单体。

试验过程：将聚醚 330N 在 100℃ 真空条件下脱水 2h，冷却至常温和常压；大分子单体合成装置如图 1-9 所示，在装有定量 330N 的反应烧瓶中加入马来酸酐和环烷酸钴，快速升温至预定值。缓慢搅拌，反应一定时间后即得马来酸酐接枝聚醚型大分子单体。

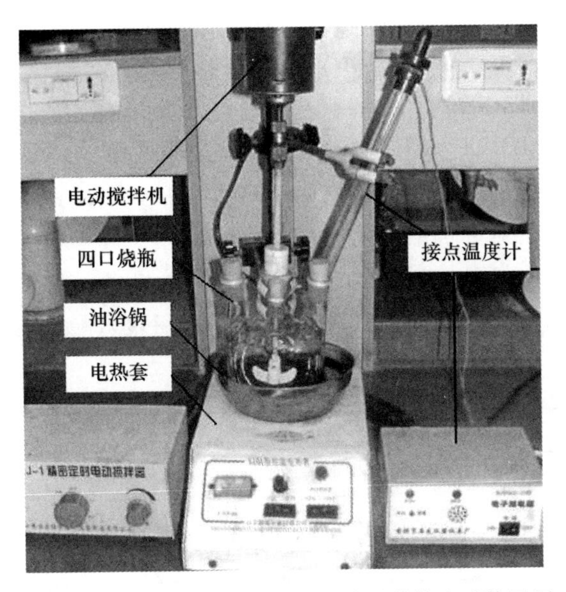


图 1-9 马来酸酐接枝聚醚型大分子单体合成装置图

b 聚合物聚醚多元醇的合成

在配有搅拌器、滴定管和控温油浴装置的 250mL 四口烧瓶中加入基础聚醚 330N、大分子单体、DDM、AIBN（图 1-10），搅拌并油浴加热至一定温度保温 0.5h，随后以一定的速度（平均 3s 每滴）滴加丙烯酸溶液 12mL。滴加完毕后保温 2h，取出后冷却备用。

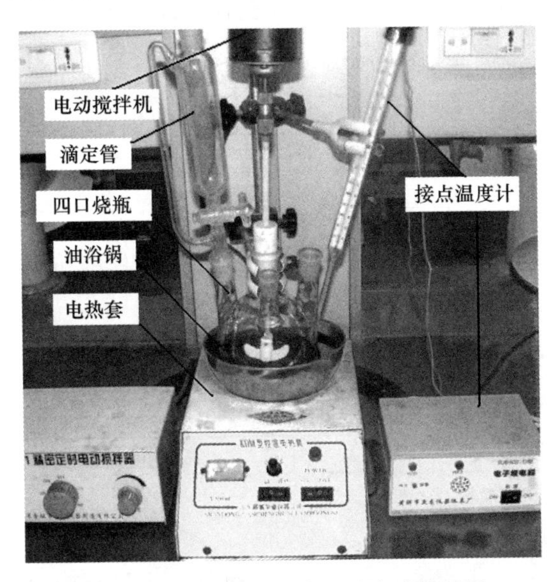


图 1-10 聚合物聚醚多元醇合成装置图

c 改性的多孔聚氨酯材料的制备

以聚合物聚醚多元醇取代330N，参照多孔聚氨酯材料的发泡配方，称取定量的泡沫稳定剂、催化剂、发泡剂加入聚合物聚醚多元醇中，搅拌10min得到组合料。称取定量的TDI加入组合料，在1200r/min转速下高速搅拌10s后迅速倒入预制好的模具中发泡，发泡完毕后放入60℃烘箱中熟化48h，脱模即得产品。

B 吸氧聚氨酯海绵的制备

以改性的多孔聚氨酯材料的配方为依据，经过调整，最终得到了具有良好力学性能的吸氧聚氨酯海绵的配方，见表1-12。吸氧聚氨酯海绵的制备工艺如下。

**表1-12 吸氧聚氨酯海绵配方**

| 组分 | 用量/份 | 组分 | 用量/份 |
|---|---|---|---|
| 聚合物聚醚多元醇 | 48.9~62.7 | 水 | 1.97~3.71 |
| 甲苯二异氰酸酯 | 16.2~27.8 | 二氯甲烷 | 1.97~3.71 |
| 三乙烯二胺 | 0.49~0.94 | 稳泡剂 | 0.098~0.37 |
| 二月桂酸二丁基锡 | 0.19~0.37 | 铁粉复合吸氧粉末 | 10.8~22.3 |

加工方法：称取一定量的聚醚多元醇、三乙烯二胺、二月桂酸二丁基锡、水、二氯甲烷、稳泡剂，用电动搅拌机搅拌均匀，再加入适量的铁粉复合吸氧粉末，搅拌均匀后快速加入一定量的甲苯二异氰酸酯，观察当有气泡发出、泡体发白时，迅速把混合料倒入模具中发泡、固化成型。

按表1-13中各成分比例制备1~4号吸氧聚氨酯海绵。

**表1-13 吸氧聚氨酯海绵各组分含量** (%)

| 项目 | 1号 | 2号 | 3号 | 4号 |
|---|---|---|---|---|
| 聚醚多元醇 | 55.6 | 55.6 | 58.9 | 52.7 |
| 甲苯二异氰酸酯 | 22.2 | 22.2 | 17.7 | 26.3 |
| 三乙烯二胺 | 0.56 | 0.56 | 0.60 | 0.53 |
| 二月桂酸二丁基锡 | 0.22 | 0.22 | 0.24 | 0.21 |
| 水 | 2.22 | 2.22 | 2.36 | 2.11 |
| 二氯甲烷 | 2.28 | 2.28 | 2.36 | 2.11 |
| 稳泡剂 | 0.22 | 0.22 | 0.24 | 0.21 |
| Fe-C复合吸氧粉末 | 16.7 | 0 | 0 | 0 |
| Fe-C-X复合吸氧粉末 | 0 | 16.7 | 17.6 | 15.8 |

C 吸氧海绵吸氧性能测试

称取5g聚氨酯海绵，置于25℃、RH100%、顶部连有测氧仪的干燥器中，对1~4号吸氧聚氨酯海绵进行吸氧性能测试，结果见表1-14。

表 1-14 吸氧聚氨酯海绵的吸氧性能对比 （吸收氧气体积，mL）

| 项目 | 12h | 24h | 48h |
| --- | --- | --- | --- |
| 1 号 | 12 | 48 | 72 |
| 2 号 | 24 | 60 | 84 |
| 3 号 | 24 | 60 | 84 |
| 4 号 | 24 | 60 | 84 |

试验证明，1~4 号聚氨酯海绵均具有吸氧功能，但由于部分铁基复合颗粒被基体海绵包覆，吸氧量降低。在 2~4 号吸氧海绵中含有 Fe-C-X 复合颗粒，X 的加入进一步提高了海绵的吸氧速率。此三种吸氧海绵相比，海绵的力学性能有所差异，但前期吸氧性能差别不大。

将高活性 Fe-C 二元复合吸氧粉末或 Fe-C-X 三元复合吸氧粉末以填料形式加入聚醚多元醇体系中，采用一步法发泡工艺制备了既有缓冲功能，又有吸氧功能的聚氨酯海绵，将其应用于精密仪器仪表或弹药等器械的包装中，既可防振，又能防止材料产生腐蚀、霉变及老化等问题。

## 1.3 有机吸氧体系的合成与改性研究

有机吸氧体系的研究较多，目前也已经在应用，如啤酒瓶盖上的密封垫，除了密封作用外，另一项功能就是吸收瓶内剩余空气中的氧气，当然，这种吸氧剂的吸氧量有限，不能用于大量氧气的吸收。而用于装备防护包装的吸氧材料必须具备快速、大量吸氧的性能。具备快速、大量吸氧性能的有机物必须具有的结构特征是分子中有能够被氧气激活，并与氧气反应的官能团，最常见的这类官能团包括双键、叁键、醛基、羟基等。

3-环己烯-1-甲醇（简写为：CM）是其中一种，其结构式为：$CH_2OH$ ，其六元环中的双键，是比较活泼的基团，能够吸收氧气。但是 3-环己烯-1-甲醇本身为液体，使用不方便，所以，本节以 3-环己烯-1 甲醇为对象，对其进行物理、化学改性，将其制作为吸氧效果好、使用方便的有机吸氧体系。

### 1.3.1 3-环己烯-1-甲氧基接枝 EMA 吸氧材料的合成与改性研究

3-环己烯-1-甲醇的化学改性采用羟基（由于需要在分子中保持双键和环的存在，所以只能用羟基进行反应）与其他大分子接枝共聚的方法。聚乙烯是加工性能较好的高分子材料，但是其直接与羟基反应比较困难，所以考虑采用酯交换。

乙烯-丙烯酸甲酯共聚物（简写为 EMA）是乙烯和丙烯酸甲酯共聚而成的热塑性塑料，它具有卓越的热稳定性、优异的填充性和良好的聚合物相容性，可以非常方便地加工成各种需要的应用形式。

经 3-环己烯-1-甲醇的酯交换反应，将乙烯-丙烯酸甲酯共聚物结构中的甲氧基替换为 3-环己烯-1-甲氧基，制备 3-环己烯-1-甲氧基接枝 EMA 吸氧材料（简写为 EMA-g-CM）。

#### 1.3.1.1　EMA-g-CM 的制备方法

将一定量的 EMA 溶于二甲苯，加入少量抗氧剂 1010，然后分别滴加一定量的 CM 和钛酸四正丁酯，150℃保温 5h，产物经乙醇沉淀，得到不同 CM 含量的 EMA-g-CM，见表 1-15。

**表 1-15　接枝共聚物组分配比**

| EMA-g-CM 编号 | EMA | 甲苯 | CM | 钛酸四正丁酯 | 二苯甲酮 | 乙酸钴 |
|---|---|---|---|---|---|---|
| a | 1 | 0 | 0 | 0 | 0 | 0 |
| b | 1 | 4 | 0. 5 | 0. 02 | 0. 2 | 0. 2 |
| c | 1 | 4 | 1 | 0. 02 | 0. 2 | 0. 2 |
| d | 1 | 4 | 1. 5 | 0. 02 | 0. 2 | 0. 2 |
| e | 1 | 4 | 2 | 0. 02 | 0. 2 | 0. 2 |

#### 1.3.1.2　EMA-g-CM 的结构分析

图 1-11 是纯 EMA 及酯交换反应中添加了不同量 CM 所得的 EMA 反应产物的红外谱图。与纯 EMA（图 1-11a）相比，经 EMA 反应产物在 3025$cm^{-1}$ 和 655$cm^{-1}$两处出现了与 C ═C 有关的吸收峰，认为反应产物中含有环己烯基团。又因为在 3200～3600$cm^{-1}$没有出现与 C—OH 有关的吸收峰，因此认为反应产物中的 3-环己烯-1-甲醇不是游离的小分子，而是以化学键与 EMA 结合生成了 3-环己烯-1-甲氧基接枝乙烯-丙烯酸甲酯共聚物（EMA-g-CM）。从图 1-11 中还可看出，随 CM 用量的增加（即 MA ∶ CM 物质的量比中 CM 比例的提高），3025$cm^{-1}$处的吸收峰强度逐步提高。当 CM 比例大于 1. 5 时，吸收强度变化不大，表明在该比例下 CM 与 MA 的酯交换作用已达到饱和，进一步提高 CM 用量不会影响 CM 在 EMA 上的接枝量。

#### 1.3.1.3　EMA-g-CM 的性能测试

将 EMA-g-CM 与二苯甲酮、乙酸钴在 130℃熔融混链，得到吸氧 EMA 共混物，然后压片制成 0. 05mm 厚的薄膜，进行透射红外测试；将 1g 重的厚度为

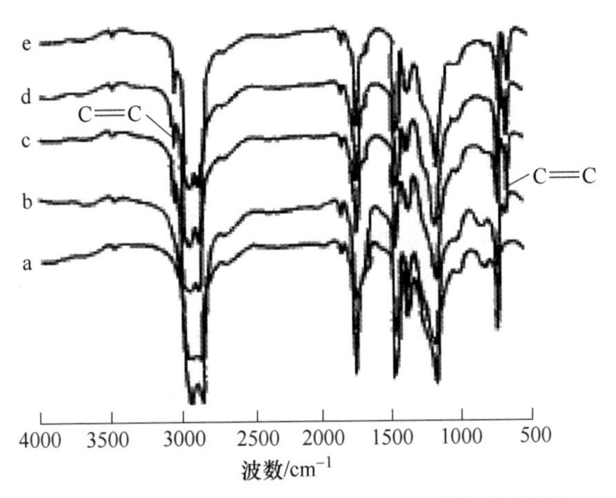


图 1-11 不同 CM 用量的 EMA-g-CM 的红外谱图

0.05mm 的吸氧 EMA 共混物薄膜经紫外光照射 180s 后，置于 300mL 密封的三角锥瓶中，用数字吸氧仪定期测定锥瓶的氧气含量，并计算出氧气的消耗量；将吸氧前后的厚度为 0.05mm 的吸氧 EMA 共混物薄膜按 GB/T 1040—1992 标准进行拉伸强度和断裂伸长率的测试，拉伸速度为 50mm/min。

### 1.3.2 CM 吸氧阻氧膜的研制

3-环己烯-1-甲醇（CM）本身具有很好的吸氧效果，但是由于其为液体，而将其与 EMA 接枝共混物的吸氧效果不太理想，除非用量很大，这些都给应用带来了极大不便，所以考虑将其制作成薄膜状或片状，这样在用量不太大，而表面积非常大的情况下，就可以达到比较理想的吸氧效果。为了更好地发挥 CM 的吸氧作用，本节研究将 CM 与 PE 共混制作吸氧树脂的工艺技术，并进一步利用吸氧树脂制成吸氧薄膜或吸氧片材。

#### 1.3.2.1 吸氧阻氧膜结构设计

吸氧阻氧膜的要求：较方便的封合性、与 CM 的相容性好、高阻隔性、高强度，分解产物对金属无腐蚀。

目前市售的所有高分子材料单一品种均不能满足要求，所以考虑使用多层共挤技术制作复合薄膜。按照结构设计，吸氧阻氧膜的多层结构由内向外的要求分别为：

第一层——吸氧层（要求：较方便的封合性、与 CM 的相容性好，分解产物对金属无腐蚀）；

第二层——高强度（为了与第一层的加工温度接近，考虑用重包装聚乙烯料）；

第三层——阻氧层；
第四层——阻水层；
第五层——保护层。

#### 1.3.2.2　吸氧层研制

在常见的高分子树脂中，聚氯乙烯和聚乙烯是比较常见的吹膜用树脂，虽然两者相比，聚氯乙烯的极性较强，与CM的相容性好于聚乙烯，但是聚氯乙烯的分解产物中可能有氯化氢等腐蚀性气体，会对金属材料产生影响，而聚乙烯则非常稳定。另外聚氯乙烯的封合需要用高频加热，设备价格较高，聚乙烯可以直接加热封合，比较方便。因此选择聚乙烯作为吸氧树脂的载体。

A　聚乙烯树脂型号的确定

市售聚乙烯的主要品种包括高压低密度聚乙烯（LDPE）、高密度聚乙烯（HDPE）和线性低密度聚乙烯（LLDPE）3种，根据各类聚乙烯的主要特点，分别有不同的用途。

**高密度聚乙烯**的密度为0.940~0.965g/cm$^3$，是在每1000个碳原子中含有不多于5个支链的线型分子所组成的聚合物。HDPE良好的拉伸强度使其适于制作短期载重用膜。它的玻璃化温度低，热挠曲温度高，且韧性好，可以制成非结构性的户外用品。

**高压低密度聚乙烯**的密度为0.910~0.925g/cm$^3$，是在高压下，由自由基引发聚合的含有许多长支链和短支链的乙烯均聚物。其中短支链在每1000个主链碳原子中含15~35个，其结晶度远低于HDPE。LDPE的熔点低，质地柔软，长支链赋予LDPE非牛顿流变行为，在加工过程的高剪切速率下具有较低的黏度和牵伸时的高熔体强度，非常适于吹膜工艺。其特点是挤出耗能少、产率高，吹塑时膜泡稳定、易于操作。吹塑薄膜是LDPE的主要用途，占其消耗量的一半以上。LDPE结晶度低，薄膜清晰度高，手感柔软，并有适度韧性，但膜易于变形，会发生高度蠕变，不适合在高负荷下使用，也不适合在低负荷下长期使用。

**线性低密度聚乙烯**的密度为0.910~0.940g/cm$^3$，是没有或很少长支链的线型共聚物，树脂类型包括乙烯-1-烯烃共聚物系列，刚度类似于LDPE的透明物料和类似于HDPE特性的硬质不透明物料。LLDPE薄膜的特性是具有优良的韧性，即有很好的抗撕裂强度、抗冲击强度及抗刺穿性，重点用于对清晰度要求不高的许多包装和非包装用途，包括冷冻食品袋、重包装袋、垃圾袋、拉伸包装膜、科学探测气球等。

鉴于各类聚乙烯树脂具有不同的用途，用于生产包装膜的聚乙烯品种主要是LDPE。为增加其刚性，提高薄膜的抗撕裂强度和抗冲击强度，可以适当在LDPE中添加一定量的LLDPE。在工业上一般根据树脂的密度和熔体指数两个参数来考虑聚乙烯树脂的性能，根据不同的使用条件选用不同密度和熔体指数的聚乙烯树脂。本节也根据上述两个主要参数对 LDPE 的种类、型号进行选择。图 1-12 和图 1-13 分别是树脂的熔体指数和密度对聚乙烯薄膜性能的影响情况。

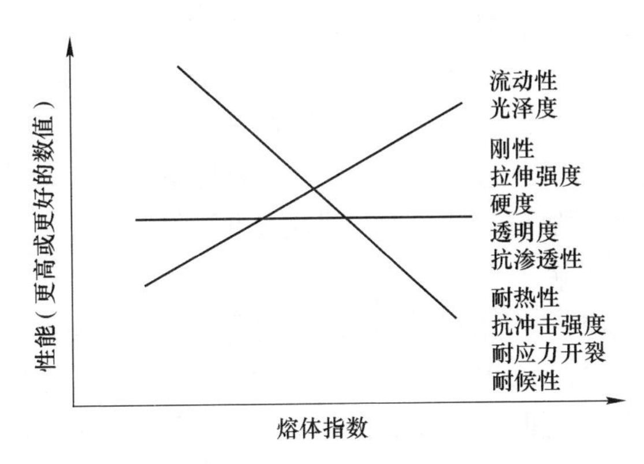


图 1-12 熔体指数变动对树脂性能的影响

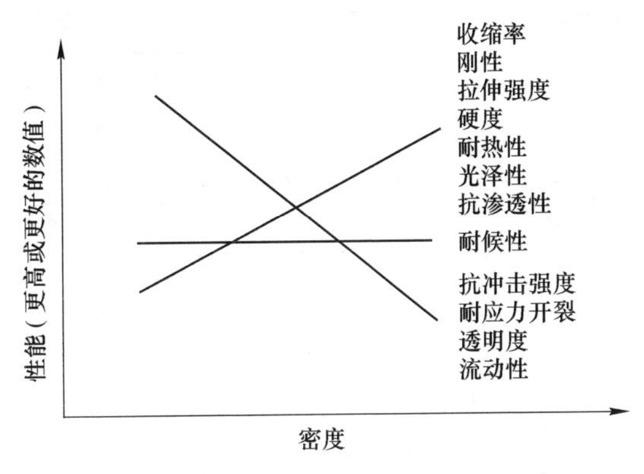


图 1-13 密度变动对树脂性能的影响

从图 1-12 中可以看出，随着树脂熔体指数的增大，流动性和光泽度呈增加趋势，刚性、拉伸强度、硬度、透明度和抗渗透性不受影响，而耐候性、抗冲击强度、耐应力开裂和耐热性则呈下降趋势。从图 1-13 中发现，增大树脂的密度有利于提高收缩率、刚性、拉伸强度、硬度、耐热性、光泽性和抗渗透性等性能，耐候性不受影响，但抗冲击强度、耐应力开裂、透明度和流动性呈下降趋势。

根据装备封存包装要求，包装材料本身的使用寿命应在 10a 以上，而且本项目对材料的阻隔性有较高要求。而使用寿命在很大程度上取决于膜的耐候性，即膜的耐候性是选择聚乙烯树脂的首要因素。由图 1-12 可知，熔体指数越小，膜的耐候性越好，但是熔体指数太小，又会降低树脂的流动性，加工时需提高熔体温度，增大挤出功率和机头压力，在高剪切速率下，容易造成局部过热，使高聚物分解，而且由于树脂流动性不好，也难以将熔体牵伸成很薄的膜，所以选择树脂时应尽可能选择熔体指数较小而又不影响加工性能的聚乙烯树脂。本节分别试验了熔体指数为0.5、2、7的3种LDPE树脂，经过吹膜试验发现，熔体指数为2的LDPE树脂吹制的薄膜的抗冲击强度、拉伸强度和韧性均较适中。同时由图1-13可知，随着树脂密度的增加，薄膜的抗渗透性、拉伸强度、光泽性等指标增大，薄膜的抗冲击性和耐应力开裂等指标降低。

综合考虑上述各因素，选择熔体指数为2的载体树脂，同时在吹膜时，添加少量LLDPE，以提高薄膜的抗冲击性和耐应力开裂性。

B　树脂配比的确定

由于高密度的LDPE树脂的抗冲击性和耐应力开裂性较差，所以在树脂中，需要通过添加一定量的LLDPE来改善LDPE的性能。为了确定LLDPE和LDPE的最佳配比，对采用不同配比聚乙烯树脂吹制的聚乙烯薄膜的各项物理性能指标进行了测试，结果见表1-16。

**表1-16　LDPE和LLDPE不同比例掺和物吹膜的物理性能测试结果**

| 项　目 | | | 不同掺和物比例的膜性能 | | | | | | |
|---|---|---|---|---|---|---|---|---|---|
| 掺和物组分/% | | LLDPE | 100 | 90 | 80 | 50 | 20 | 10 | 0 |
| | | LDPE | 0 | 10 | 20 | 50 | 80 | 90 | 100 |
| 薄膜性能 | 抗穿刺性/J · mm⁻¹ | | 109 | 100 | 96 | 83 | 65 | 57 | 44 |
| | 落镖冲击强度/g | | 120 | 113 | 105 | 90 | 83 | 75 | 75 |
| | 拉伸冲击强度/MJ · m⁻² | 纵向 | 93 | 66 | 47 | 32 | 32 | 32 | 35 |
| | | 横向 | 55 | 54 | 45 | 51 | 43 | 43 | 48 |
| | 拉伸强度/MPa | 纵向 | 31.6 | 28.8 | 28.1 | 24.7 | 22.0 | 20.6 | 19.9 |
| | | 横向 | 24.0 | 22.6 | 22.0 | 19.2 | 17.2 | 16.5 | 15.1 |
| | 伸长率/% | 纵向 | 720 | 690 | 660 | 580 | 470 | 400 | 320 |
| | | 横向 | 790 | 770 | 750 | 720 | 640 | 620 | 600 |
| | 抗撕裂强度/N · m⁻¹ | 纵向 | 51.0 | 39.2 | 31.4 | 27.5 | 51.0 | 60.0 | 67.0 |
| | | 横向 | 129.4 | 149.0 | 149.0 | 118.0 | 86.3 | 80.0 | 75.0 |
| | 正割模量/MPa | 纵向 | 226 | 233 | 247 | 210 | 190 | 170 | 151 |
| | | 横向 | 223 | 261 | 282 | 245 | 210 | 180 | 158 |
| | 最低加工熔体温度/℃ | | 190 | 180 | 180 | 160 | 150 | 150 | 150 |

注：熔体指数为2g/10min，吹胀比为2 : 1，膜厚为0.038mm。

由测试结果可知，将LLDPE加入LDPE中，可显著改善LDPE的穿刺强度、拉伸强度、伸长率及抗撕裂强度等许多重要性能。而且随着LLDPE加入量的增加，膜的各项性能（除正割模量）也逐渐提高。同时，也可改进牵伸特性，减少因有凝胶使吹膜产生孔洞并从横向撕裂的趋势。另外，热合试验表明，LLDPE+LDPE 掺混物具有更大的收缩率和更宽的熔融吸热效应，可以拓宽热合温度范围，并提高膜制品的热合强度。但是从表 1-16 中也发现，最低加工熔体温度也随着 LLDPE 加入量的增加而升高，原因是 LLDPE 的熔体流动性和加工性能较差，在 LDPE 中掺入较多的 LLDPE，会使熔体黏度增大，在挤出时，需要较大的扭矩、较高的电流、较高的熔体温度和模头压力，并且易于发生熔体破裂。所以综合考虑上述各因素，在 LDPE 中加入 40%的 LLDPE 是比较合适的。

C　共混效果研究

将选定的载体树脂与 CM 混合，经过小量吹膜试验，从外观上看，吸氧薄膜的质量不错，光洁度、平整度、透明度均较好，随即进行了耐候性试验（主要进行了温度冲击和湿热试验），结果显示，在高低温交变条件下，吸氧薄膜中的 CM 成分很快扩散到表面，造成一种油腻的感觉，而且薄膜变脆，说明 CM 与聚乙烯树脂的相容性的确存在问题，为此考虑对 CM 进行改性。另外，市售聚乙烯的颗粒较大，一般的吹膜设备共混能力较差，所以导致两者的共混效果受到影响。为了解决上述问题，采取了以下改进措施。

（1）对 CM 进行化学改性。选择了一种适合于聚乙烯的铝酸酯偶联剂（结构见图 1-14，偶联过程见图 1-15），期望借助偶联剂的作用，在极性较强的 CM 分子与极性很弱的有机高分子之间建立一种桥梁。

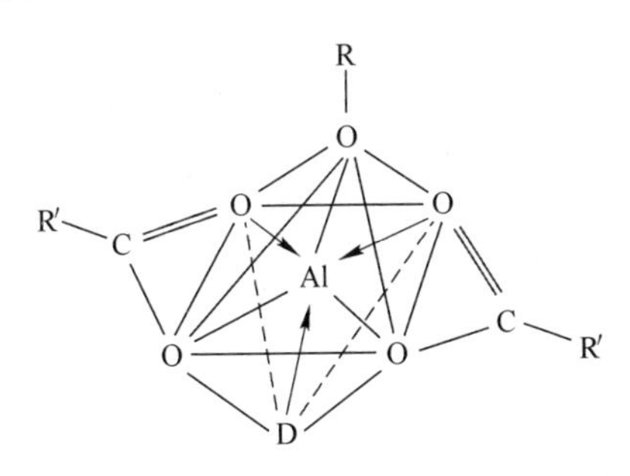


图 1-14　铝酸酯偶联剂的结构示意图

（2）对载体树脂进行物理改性。在薄膜配料中加入了一种相容剂，用以促使极性基团与非极性基团均匀分散，与偶联剂共同作用，增强共混的效果。同时将市售聚乙烯粉碎为 40 目左右的聚乙烯粉。

（3）制造吸氧树脂母粒。将处理好的 CM 与经过物理改性的聚乙烯树脂粉共混造粒，制成吸氧树脂母粒，这样可以简化将 CM 直接加入聚乙烯树脂的复杂混合工序，有利于 CM 在树脂中分散均匀，保证 CM 能够以适当的速率从树脂内部向外扩散。吸氧树脂母粒主要包括 4 层：母料核、偶联层、分散层和载体层。母料核是 CM；偶联层选用的是偶联剂，目的是增大母料核同载体之间的亲和力，

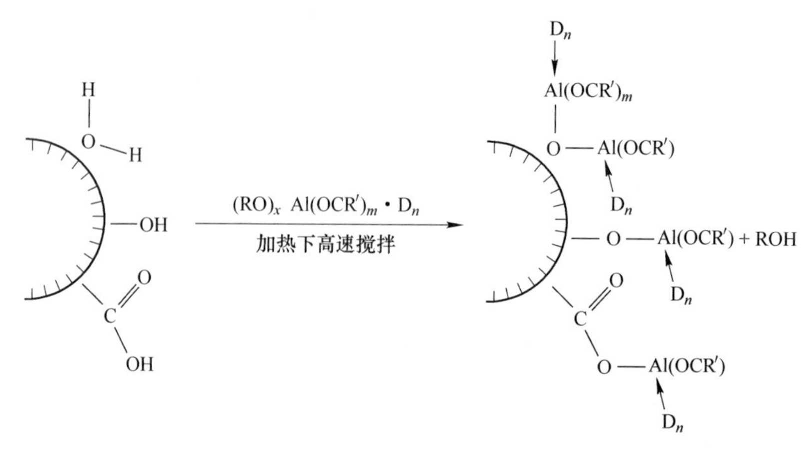


图 1-15　偶联剂在 CM 表面的偶联效果图

使母料核同载体有机结合在一起；分散层选择了低分子量的聚乙烯、硬脂酸盐和白油，目的是促进粉末状母料核在载体中均匀地分散，防止其结成小块，同时提高母料的加工流动性、光泽及手感；载体层是连接母料核与树脂的过渡层，本节选用 LDPE 树脂。

用做好的吸氧树脂母粒与聚乙烯树脂共混（吸氧树脂母粒含量 5%）、吹膜，相容性效果得到了明显改善。

D　吸氧薄膜吸氧性能测试

取 400mm×150mm 吸氧薄膜，置于 25℃、RH100%，顶部连有测氧仪的干燥器中，测定吸氧薄膜的吸氧效果，结果见表 1-17。

**表 1-17　吸氧薄膜的吸氧性能**

| 时间/h | 0 | 1 | 2 | 4 | 8 | 12 | 24 | 48 | 72 | 96 | 240 |
|---|---|---|---|---|---|---|---|---|---|---|---|
| 氧气浓度/% | 20.8 | 15.2 | 12.6 | 9.5 | 6.3 | 4.2 | 2.6 | 1.2 | 0.8 | 0.5 | 0.5 |

试验证明，吸氧薄膜可以较好地吸收空气的氧气，在 48h 内，可以将密闭空间空气中的氧气浓度降低到 1%以下，96h 可以将氧气浓度降低到 0.5%，并保持较长时间。

### 1.3.2.3　阻隔层选择

国际上将对氧气透过率小于 3.8$cm^3$ · mm/(24h · $m^2$ · MPa) 的聚合物称为阻隔性聚合物。包装学者认为：所谓高阻隔，是指一种材料具有很强的阻止另一种材料进入的能力，另一种材料是气体或气味。本节涉及的阻隔层包括阻水层和阻氧层。

塑料等高分子的化学结构和聚集态结构是决定其透气能力的主要因素。根据相似相溶原理，非极性高分子易透过非极性气体，如PE、PP、PS、EVA等都有非常高的透气率，属于透气性包装材料；极性高分子的透气率低，如PVDC、PA、PAN、PVA、PET、PVC、EVOH等都属于阻隔性包装材料。常见高分子材料的水蒸气和气体透过量数据见表1-18。

**表1-18 几种高分子薄膜的水蒸气和气体透过量**

($m^3/(24h \cdot m^2)$)

| 高分子薄膜 | 气 体 | |
|---|---|---|
| | $H_2O$ | $O_2$ |
| PA(尼龙) | 120~150 | 0.03 |
| PVDC(聚偏二氯乙烯) | 1~2 | 0.03 |
| EVOH(乙烯-乙烯醇共聚物)(32% PE，RH 100%) | 21.3 | 0.02 |
| PE(聚乙烯) | 6~22 | 13~16 |
| HDPE(高密度聚乙烯) | 5~10 | 4~6 |
| PET(聚酯) | 20~80 | 0.03 |
| PVC(聚氯乙烯) | 25~90 | 4~10 |
| PC(聚碳酸酯) | 40~50 | 0.1 |

由表1-18可知，PVDC和EVOH阻隔空气和水蒸气的综合性能优于其他塑料薄膜，而HDPE的综合性能也不错。

PVDC均聚物具有良好的结晶性，即包含了50%~80%的结晶体。高结晶度和高密度决定了PVDC共聚物对水蒸气和其他气体的高阻隔性，故其具有优异的阻隔水蒸气和氧气的能力，其阻气性接近于金属。

EVOH具有最好的阻止气体透过性能。EVOH聚合体中随着乙烯及乙烯醇比率的不同其性能也在变化，一般随着乙烯含量的增加阻气性能下降，阻湿性能增加。EVOH的氧气透过量随温度的增加而增加。另外，由于EVOH具有较强的极性，它的吸湿量较大，随着吸湿量的增加，阻气性能降低，透氧气量增加。因此一般将EVOH作为中间层，外层选用阻水性能好的材料。

就阻水性而言，PVDC是最好的，HDPE次之。但是在加工过程中，PVDC易于放出对人体健康有害的气体，目前欧美各国PVDC的生产规模逐年下降，不再发展。另外PVDC薄膜吹制过程中的最大困难是其软化温度和分解温度太接近（软化温度为185~200℃，分解温度为210~225℃），给吹制带来了很大障碍。而HDPE吹膜非常方便。

综上所述，阻氧层拟选用EVOH，阻水层拟选用HDPE。

#### 1.3.2.4 吸氧阻氧膜制作

选用五层共挤工艺，按照1.3.2.1节的设计，在各层的挤出机中加入相应的原料，得到复合吸氧阻氧膜。各层组成如下。

第一层——吸氧层：高压聚乙烯+吸氧母粒，其中吸氧母粒含量5%；

第二层——高强度：重包装聚乙烯；
第三层——阻氧层：EVOH（乙烯-乙烯醇共聚物）；
第四层——阻水层：HDPE（高密度聚乙烯）；
第五层——保护层：高压聚乙烯。

#### 1.3.2.5　吸氧阻氧膜性能测试

对吸氧阻氧膜的物理性能和吸氧性能进行了测试，结果见表1-19。

**表1-19　吸氧阻氧膜的吸氧性能**

| 时间/h | 0 | 1 | 2 | 4 | 8 | 12 | 24 | 48 | 72 | 96 | 240 |
|---|---|---|---|---|---|---|---|---|---|---|---|
| 氧气浓度/% | 20.4 | 14.5 | 11.3 | 9.7 | 5.2 | 4.5 | 2.3 | 1.0 | 0.9 | 0.6 | 0.6 |

# 2　控湿恒湿材料

## 2.1　绪论

### 2.1.1　湿度对装备设备的影响

湿度是用于衡量大气干燥程度的物理量，是一种普遍存在的环境应力。作为一项重要的环境指标，湿度对各类民用设备、装备（设备）的使用性能和使用寿命具有重大影响。在国防领域特别是在装备（设备）的运输和贮存中，适宜环境湿度对于保障装备（设备）的可靠性具有重要意义。装备（设备）是部队拥有强大战斗力的重要基础，自第二次世界大战以来，以美国为首的西方国家十分重视装备（设备）的防潮工作，纵观美军装备发展历史，环境因素对装备（设备）的影响尤为突出，而无数战例也都证明了装备（设备）的贮存质量极大地影响其在战场上的使用性能，关乎战争的胜负。而在和平建设时期，装备（设备）在制造生产之后，除部分用于执勤与训练外，绝大部分是需要长时间封存以应对各种突发事件，这就要求贮存装备（设备）的仓库要具有较高的环境防控能力，能够保障物资的长期贮存，最大限度地延长其贮存年限，从而保证了装备（设备）的使用性能。

装备保障工作的实践表明，装备（设备）贮存环境湿度问题日益突显。在近海作战中，坑道内的装备设施极易受到沿海恶劣环境影响，高质量地完成装备（设备）贮存任务具有一定难度，对装备（设备）贮存的可靠性提出了更高要求；在信息化建设进程中，航材仓库担负着装备（设备）、救援工具以及油料等军需品的接管和贮存任务，是物资战略储备、保证战斗力的基础，仓库环境中的湿度与温度是影响航材物资贮存质量的关键因素，为确保航材物资贮存质量与使用效能，亟须加强对航材物资仓储环境的管控，将温度与湿度控制在有效范围内；弹药作为军事装备的重要组成，储备一定数量的弹药是现代战争与未来反侵略战争的需要，因自然贮存环境应力作用，弹药在贮存时弹内元件装药受潮变质，金属弹体生锈变形，其可靠性严重下降，极大限制了部队作战能力；再如，战略战术导弹、测量指控设备及新型功能装备等高新技术装备（设备）配置了大量电子元件，用以提高导弹火力打击的实时性与精确性，但这些电子元件对环境湿度十分敏感，异常的环境湿度往往引起电子元件失效或装备寿命缩短，将导致装备（设备）非战斗损耗增大。综上所述，当前装备保障工作面临着巨大挑战，落实装备（设备）战略贮存制度，加强仓库建设，特别是对贮存环境湿度的良好控制，是现代化战争对保障装备（设备）使用性能的必然要求，对提高部队作战能力具有深远意义。

当前，弹药仓储管理要求弹药仓库湿度最大不能超过70%，最小不能低于40%，同时也根据各区域环境和需求的差异性采取了多种措施控制装备贮存环境湿度，主要有两种方式，即大库房集中封存与独立包装封存，并结合使用通风、除湿机、化学除湿剂等手段协同进行防潮。目前弹药仓库的控湿方式主要为包装封存、自身防护、库房集中封存等；对于航材的防护，主要采用器材包装箱与真空塑料封存袋对设备进行封装，实现双层封存防护；海军陆战旅对弹药的防护采用综合防护途径，一般采用密封阻隔方式，隔离外部恶劣环境，并在贮存空间内加入干燥剂、腐蚀性气体吸附剂以及除氧剂等进行除湿降氧实现防护目的；海岛地区贮存任务主要是在洞库与地面库完成的，实时根据库外空气环境状态进行通风降湿或隔湿密闭，必要时加入一定种类与数量的吸湿剂或放置一定数量的除湿机进行机械吸湿。目前外军已开始采用塑料箱取代木箱对装备进行防护，并积极推进军品包装工程，实行包装防潮，通过人为设置一个可独立贮存与包装的小环境，并在包装内加入吸湿剂来控制包装环境内的湿度，这样弥补了修建大量洞库投入高、控温库房难度大的缺陷，不依赖于大贮存库房，即使脱离仓储库房转入野外环境中，其独立包装防护设计也能保证装备（设备）的使用性能，适应野外装备使用需求，是当前比较理想的控湿方法。

从上述各类防护方式可以看出，无论是包装防潮还是库房防潮，在贮存空间内加入吸湿性材料是一种有效的防护手段。根据不同环境下的控湿目标和要求，调整吸湿材料的种类与数量，有利于提高库房防潮性能、提高包装防护技术的灵活性、有效性，极大地满足了装备（设备）的控湿要求，特别是在复杂环境下具有很高的实效性与灵活性。

### 2.1.2　高分子吸湿材料多孔结构研究的必要性

吸湿材料根据化学成分分类，主要分为无机吸湿材料与有机吸湿材料。其中，硅胶、无机盐以及无机矿物是比较常见的无机吸湿材料，具有吸湿、放湿速度快的特点，但其在吸湿领域的实际应用中还存在较多问题，具体表现为硅胶与矿物类吸湿材料的吸湿量较低，无机盐类存在潮解性，极大地限制了无机吸湿材料在包装防护技术中的应用，所以它们并不适应野外高湿环境。因此，具有高吸湿容量的有机高分子吸湿材料应运而生，在装备控湿领域有很高的研究价值和应用前景。

文献中研究人员制备了一种新型高分子树脂基恒湿材料，当相对湿度为90%时，历时60d，吸湿倍率为自身质量的2.19倍，远高于无机吸湿材料0.3~0.5

的吸湿倍率。但此类树脂基恒湿材料的吸水倍率高达自身质量的1200倍，从数字对比可以直观看出合成树脂的吸湿能力远远低于其吸水能力。结合试验数据和相关理论分析认为：产生这种差异性的根本原因是材料吸湿与吸水机理不同。材料吸湿过程包括三步，第一步是将空气中的水分子吸附到材料表面并在表面凝结成液态水，主要是物理吸附；第二步是将材料表面的水分子输送到材料内部；第三步是水分子在材料内部的固定结合，主要是化学吸附。通过分析高分子树脂吸湿过程可知，其吸湿性能取决于材料化学结构与物理结构，而高分子吸湿材料结构中含有大量亲水基团，其化学结构足以达到树脂理论吸湿容量，其物理结构是限制树脂吸湿性能的主要因素，因此解决树脂吸湿受限的关键就是要对树脂的物理结构进行改性。有文献明确指出吸湿材料吸湿受限是因为水分子向聚合物内部扩散较慢，吸湿平衡所需时间较长，而水分子扩散过程是由材料的物理结构决定的，因材料表面极性较强，吸附在材料表面的水发生聚集，减小了材料网络孔径，增大了水扩散阻力，使得树脂总体吸湿量降低。因此，要提高高分子吸湿材料的吸湿性能，就需要对其微观结构进行改性。由于大部分活性基团都在树脂内部，为更好地发挥树脂中活性基团的作用，就需要给吸附质提供足够的扩散通道，找到适宜方法重塑高分子吸湿材料的物理结构。制备出表面粗糙、内部多孔的结构，以此让更多亲水基团暴露在高分子吸湿材料表面，赋予树脂相互贯通的孔道传递水分子，提高吸湿材料的比表面积，增大吸湿材料与水分子相互作用面积，提高水分子在吸湿材料内部的固定结合力，有效改善吸湿材料的吸湿性能，这对于解决装备（设备）贮存控湿难题具有一定实用价值。

### 2.1.3 主要研究内容

本章以制备多孔结构可控的高吸湿性树脂为目标，依据高分子吸湿材料物理结构设计要求，实现聚丙烯酸钠树脂多孔结构控制，提高其吸湿性能。主要研究内容有：

（1）结合致孔剂的选择原则与聚丙烯酸钠体系特点选取N，N-二甲基甲酰胺、二甲基亚砜及异丙醇为致孔剂，以溶液聚合法为主体反应，对3种致孔剂分别设计9组正交试验方案，制得共计27组多孔聚丙烯酸钠树脂。采用红外光谱仪分析树脂化学结构，通过扫描电镜观察树脂表面形貌，利用同步热分析仪测定树脂热稳定性，测定树脂在100%RH的吸湿量，经综合分析后筛选出较优致孔剂。

（2）根据试验结果筛选出较优致孔剂，详细研究制备工艺对树脂多孔结构与吸湿性能的影响。观察不同工艺参数下树脂的表面形貌，测定树脂在100%RH的吸湿量，并设计了六因素五水平正交试验表，分析影响树脂吸湿性能因素的主次关系，找到最佳试验工艺条件。

（3）测定树脂在 80%RH、吸湿环境温度为 20℃、25℃、30℃时的饱和吸湿量，计算吸湿热力学参数，分析树脂吸湿过程的自发性；测定多孔树脂在 30%～100%RH 范围内的吸湿量及吸湿曲线，确定其吸附类型；测定树脂在 80%RH 的吸湿量，从吸附动力学的角度分析其吸湿动力学过程，找到适合描述树脂吸湿过程的动力学模型，并通过比较多孔树脂和非孔树脂的吸湿速率，分析多孔结构对树脂吸湿性能的影响。通过上述分析，进一步丰富完善吸湿理论，指导高吸湿性材料的制备。

## 2.2　试验部分

### 2.2.1　引言

聚丙烯酸钠树脂是一类具有三维网络结构的交联亲水性化合物，具有高吸水性、性能可调、安全性好、性质稳定、原料来源广等优点，特别是超高吸水性这一巨大优势使其在吸湿领域具有极好的应用前景。本书在前期试验探索中比较了反相悬浮聚合法与溶液聚合法的优势和局限性，经比较后试验采用溶液聚合法制备聚丙烯酸钠树脂。通过对高分子吸湿材料吸湿机理的初步分析可知材料物理结构是影响其吸湿性能的关键因素，引入多孔结构则是提高其吸湿性能的有效途径。结合聚丙烯酸钠体系特点，通过分析常见成孔方法制备多孔树脂的可行性，试验最终采用致孔剂法制备多孔聚丙烯酸钠树脂。

根据致孔剂的选择原则，以溶液聚合反应为主要制备方法，在聚合单体溶液中分别加入 N，N-二甲基甲酰胺、二甲基亚砜以及异丙醇三种致孔剂，采用升温挥发方式制得多孔聚丙烯酸钠树脂。采用扫描电镜、红外光谱仪、同步热分析仪等测试表征手段，并设计测定树脂吸湿性能的试验方法。

### 2.2.2　试验原料与试验仪器

试验原料与试验仪器分别见表 2-1 和表 2-2。

表 2-1　试验原料

| 原料名称 | 规格 | 厂家 |
|---|---|---|
| 丙烯酸 | AR | 天津永大化学试剂厂 |
| 过硫酸钾 | AR | 天津永大化学试剂厂 |
| 氢氧化钠 | AR | 天津永大化学试剂厂 |
| 二甲基亚砜 | CP | 天津永大化学试剂厂 |
| 异丙醇 | CP | 天津永大化学试剂厂 |
| N，N-二甲基甲酰胺（DMF） | AR | 天津永大化学试剂厂 |
| N，N-亚甲基双丙烯酰胺 | AR | 北京化学试剂公司 |

**表 2-2 试验仪器**

| 仪器名称 | 型号 | 厂家 |
| --- | --- | --- |
| 电子天平 | FC204 | 上海精密科学仪器有限公司 |
| 电热鼓风干燥箱 | DGG-101-2 | 天津天宇机电有限公司 |
| 干燥器 | 210mm | 北京龙源玻璃制品厂 |
| 微型高速万能粉碎机 | FW80 | 北京中兴伟业仪器有限公司 |
| 傅里叶红外光谱仪 | Nicolet6700 | 美国 Nicolet 公司 |
| USB 数字显微镜 | USB-803 | 深圳高索科技有限公司 |
| 冷场发射扫描电子显微镜 | SU-8010 | 日本日立公司 |
| 同步热分析仪 | SDT Q600 | 美国 TA 公司 |

### 2.2.3 多孔聚丙烯酸钠树脂制备

#### 2.2.3.1 反应原理

交联聚丙烯酸钠树脂在制备过程中以中和反应和聚合交联反应为主，其反应过程如下。

（1）部分中和反应：

$$\underset{\mathrm{COOH}}{\mathrm{CH_2{=}CH}} \xrightleftharpoons{\mathrm{NaOH}} \underset{\mathrm{COONa}}{\mathrm{CH_2{=}CH}} + \mathrm{H_2O}$$

（2）引发反应、聚合交联反应：

$$\mathrm{K^+\ {}^-O{-}SO_2{-}O{-}O{-}SO_2{-}O^-\ {}^+K} \longrightarrow \mathrm{2K^+\ {}^-O{-}SO_2{-}\dot{O}} \xrightarrow{\text{单体}} \mathrm{K^+\ {}^-O{-}SO_2{-}O{-}CH_2{-}\dot{C}H{-}COONa(H)}$$

$$\xrightarrow{\text{单体}} + \mathrm{CH_2{=}CH{-}C(=O){-}NH{-}CH_2{-}NH{-}C(=O){-}CH{=}CH_2} \longrightarrow$$

$$\mathrm{\sim CH_2{-}CH(C(=O)NH{-}CH_2{-}NH{-}C(=O){-}CH{\sim}){-}CH_2{-}CH(COONa(H)){-}CH_2{-}CH(C(=O)NH{-}CH_2{-}NH{-}C(=O){-}CH{\sim}){-}CH_2{-}CH(COOH){-}CH_2\sim}$$

$$\mathrm{\sim CH_2{-}CH{-}CH_2{-}CH(COONa(H)){-}CH_2{-}CH{-}CH_2{-}CH(COONa){-}CH_2\sim}$$

2.2.3.2 试验步骤

在冰水浴与磁力搅拌条件下，缓慢地将质量分数为20%的 NaOH 溶液滴加至计量的丙烯酸中，得到一定中和度的单体溶液，再向单体溶液中加入计量的去离子水稀释至一定单体浓度，待其冷却后依次加入计量的交联剂 N，N-亚甲基双丙烯酰胺、引发剂过硫酸钾以及致孔剂搅拌均匀，得到待聚合单体溶液，随后将待聚合单体溶液置于65℃烘箱中加热，当产物呈现为弹性凝胶状态时聚合反应结束，将产物取出剪成细块凝胶，升温干燥再粉碎，并用60目和100目筛子依次过筛分离得到60目、100目样品，并将其装袋备用。

### 2.2.4 材料结构表征与性能测试

2.2.4.1 红外光谱分析

红外光谱法是利用物质在不同波长的红外辐射下具有不同吸收特性这一特点来确定物质分子结构组成并用以鉴别物质的分析方法。根据谱图中吸收峰的形状及位置确定物质的化学基团，鉴别物质化学结构，根据物质分子键长、键角大小判断其分子构型，根据特征峰的吸收强度测定样品中各组分含量。

试验采用美国 Nicolet 公司 Nicolet 6700 型红外光谱仪，将产物粉末与光谱级 KBr 粉末以 1：(100~200）的比例置于玛瑙研钵中混合、研磨，经过压片得到透明薄片，在 4000~400$cm^{-1}$扫描范围内对样品进行红外光谱测定。

2.2.4.2 形貌分析

扫描电子显微镜是观察产物表面形态结构最直观有效的方法，可以直接获取产物表面沟壑凹槽、孔径大小及分布、孔隙度、形态特征等相关信息。

试验采用日立 SU-8010 型高分辨率冷场发射扫描电子显微镜观察多孔聚丙烯酸钠树脂表面形貌。在附有导电胶带的试样载物台上放置干燥后的树脂颗粒，经过喷金处理后置于真空室中观察树脂表面形貌。同时，为了比较致孔剂加入前后树脂宏观形态变化，试验采用了 USB 数字显微镜进行观察。

2.2.4.3 能谱分析

能谱仪的工作原理是依据于各个元素的 X 射线的光子特征能量不同这一特性对元素的 X 射线进行分散展谱，实现对微区成分分析，用于半定量分析聚合物结构中元素的分布。它常与扫描电镜联用，在观察材料表面微观形貌的同时可对材料不同部位进行元素分析，其工作方式包括定点扫描分析、线扫描分析以及面扫描分析。定点扫描分析是指对样品表面上某一指定点或某一微区的化学成分做全谱扫描，通过定量或定性分析以确定该点区域内存在的元素及其分布；线扫描分析是指利用线扫描可以获得某种元素在给定直线上的分布信息；面扫描分析实际上是指电镜的一种成像方式，将入射电子束打在试样表面上并做光栅扫描，此时能谱仪可探测、接收到元素的特征 X 射线信号，将其调制同步扫描的显像管亮度，在荧光屏上即可显示出元素面分布图像。

试验选用 SU-8010 扫描电镜自带的能谱仪对聚丙烯酸钠树脂带孔表面进行元素分析。因点扫描、线扫描的扫描区域较小，表面元素分布存在一定偶然性，因此试验采用面扫描方式。

#### 2.2.4.4 热重分析

热分析是通过测定物质在温度变化过程中物理性质和化学性质的变化来研究材料的物理性能、热性能以及稳定性的方法技术。热重分析（TGA）是常见热分析技术中的一种，通过测量样品质量与温度的变化关系研究晶体熔融、蒸发、升华、吸附等性质变化，或物质解离、脱水等化学变化。若将质量对温度求导，可得到微商热重曲线 DTG，反映了材料在失重过程中失重速率的变化情况。

试验采用美国 TA 公司 SDT Q600 型同步热分析仪。称取约 5mg 样品，以 100mL/min 的流速通入氮气进行保护，在 25~800℃温度范围内以 10℃/min 升温速率升温，测定样品热性能。

#### 2.2.4.5 吸湿性能测定

根据盐类饱和溶液湿度标准表，在干燥器中配置一系列饱和盐溶液，制造不同相对湿度环境，在培养皿上均匀铺洒一定量的样品，迅速将培养皿放置在干燥器隔板上，开始测定树脂吸湿量。定期取出样品称重直至饱和，做好试验记录。样品在某一时刻吸湿量的计算式为

$$Q = \frac{m_2 - m_1}{m_1} \tag{2-1}$$

式中，$Q$ 为某时刻样品吸湿量，g/g；$m_1$ 为干燥样品质量，g；$m_2$ 为吸湿后样品质量，g。

### 2.2.5 小结

（1）根据聚合体系特点选取了三种致孔剂，并确定了以溶液聚合法与致孔剂法制备多孔聚丙烯酸钠树脂的工艺流程；

（2）采用扫描电镜、能量散射谱、红外光谱仪以及同步热分析仪等测试手段表征树脂微观结构、化学结构以及热性能；

（3）根据盐类饱和溶液湿度标准表配置了系列吸湿环境，设计了测定树脂吸湿性能的试验方法。

## 2.3　三种致孔剂制备多孔聚丙烯酸钠树脂的研究

### 2.3.1　引言

根据上面对成孔技术与聚丙烯酸钠体系特点的分析，致孔剂法相较于其他方法更适于制备多孔聚丙烯酸钠树脂，因此，试验选取 N，N-二甲基甲酰胺（DMF）、二甲基亚砜以及异丙醇为致孔剂。因影响树脂吸湿性能的因素较多，若分别对三种致孔剂采用单因素变量分析，不仅试验工作量较大，而且无法全面考虑各个因素之间的影响。正交试验法根据正交性从全面试验中挑选出具有代表性的试验条件解决因素优选问题，并且可以通过分析各因素对结果影响的大小来明确各因素主次关系。因此试验采用正交试验法，对 3 种致孔剂分别设计 9 组试验工艺共制得 27 组样品，利用红外光谱仪分析树脂化学结构，采用扫描电镜观察树脂微观形貌，通过同步热分析仪分析树脂热稳定性、树脂与水的结合状态变化，利用能谱仪分析树脂孔内与非孔表面元素的分布，测定树脂在 100%RH 的吸湿量。通过以上表征手段综合分析 3 种致孔剂制备的多孔聚丙烯酸钠树脂的成孔性、吸湿性以及热稳定性，筛选出综合性能优异的致孔剂。

### 2.3.2　正交试验设计

影响树脂吸湿性能的因素较多，通过查阅大量相关文献，试验选取了 4 个主要影响因素，依次为：A（引发剂用量,%）、B（交联剂用量,%）、C（单体浓度,%）、D（致孔剂用量,%）（其中各物质用量均是以单体质量为基准的质量分数），按照四因素三水平设计正交试验，试验因素和试验水平见表 2-3，正交试验设计表见表 2-4。

**表 2-3　试验因素和水平**

| 试验水平 | 工艺因素 | | | |
|---|---|---|---|---|
| | A | B | C | D |
| 1 | 0.4 | 0.15 | 25 | 10 |
| 2 | 0.45 | 0.17 | 30 | 15 |
| 3 | 0.5 | 0.2 | 35 | 20 |

**表 2-4　正交试验设计表**

| 序号 | A | B | C | D |
|---|---|---|---|---|
| 1 | 1 | 1 | 1 | 1 |
| 2 | 1 | 2 | 2 | 2 |
| 3 | 1 | 3 | 3 | 3 |

续表 2-4

| 序号 | A | B | C | D |
|---|---|---|---|---|
| 4 | 2 | 1 | 2 | 3 |
| 5 | 2 | 2 | 3 | 1 |
| 6 | 2 | 3 | 1 | 2 |
| 7 | 3 | 1 | 3 | 2 |
| 8 | 3 | 2 | 1 | 3 |
| 9 | 3 | 3 | 2 | 1 |

### 2.3.3 形貌分析

#### 2.3.3.1 DMF 作致孔剂时树脂表面形貌

用 DMF 致孔剂时，采用正交试验法设计 9 组试验工艺，制得多孔聚丙烯酸钠树脂，采用扫描电镜观察 9 组试验样品的形貌特征，得到系列聚丙烯酸钠树脂 SEM 图。根据孔形及孔径特点对 9 组试验样品的 SEM 图进行分类，选取具有典型性的 SEM 图如图 2-1b~d 所示，图 2-1a 是未加入致孔剂的纯聚丙烯酸钠树脂 SEM 图。从图 2-1a 可以看到，未加入致孔剂时树脂表面比较平实，无明显孔结构，当加入 DMF 致孔剂后，树脂表面出现孔且孔的形貌有所不同，根据孔的结构特点将 9 组试验样品划分为 3 种类型。首先是如图 2-1b 所示的典型柱形孔结构，试验组 1、6、8 的样品以此种类型的孔为主，孔径较大，分布在 10μm 左右；试验组 2、7、9 三组样品的孔结构特点如图 2-1c 所示，表现为独立不规则孔形，孔径主要分布在 3~6μm；图 2-1d 是试验组 3、4、5 三组样品的孔结构特点图，在树脂表面分布着不规则的连通孔，出现了孔的堆积与叠加，通过观察还可以看到孔内部凸现小孔孔壁，孔间距在 2~4μm。

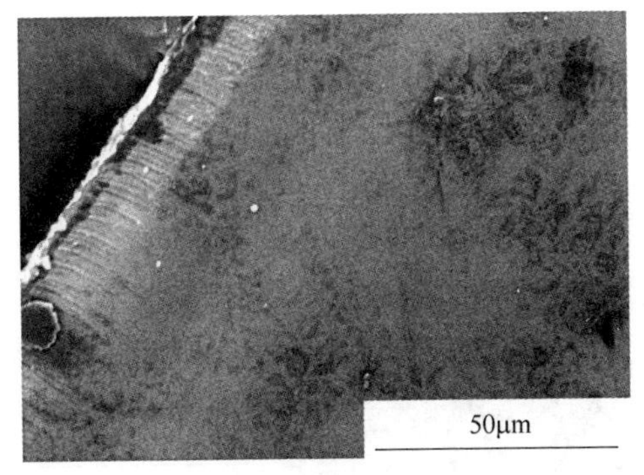

a

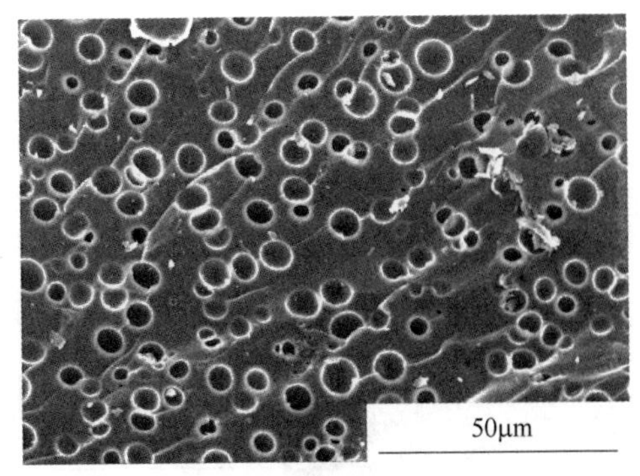

b

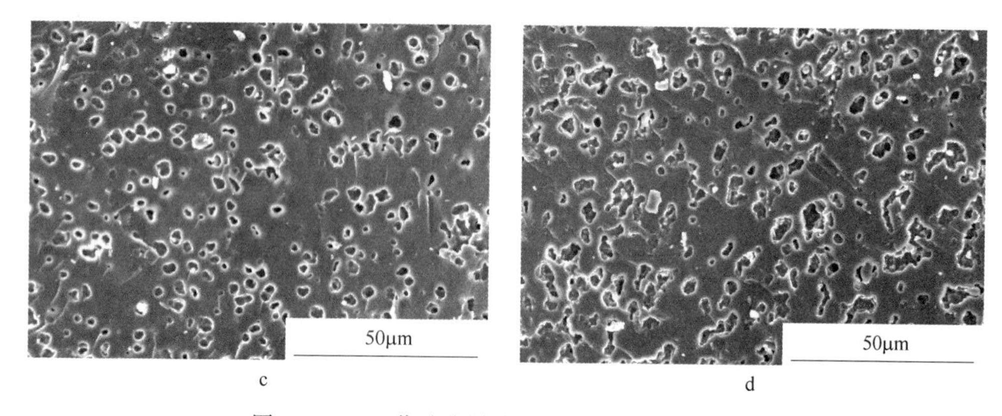


c　　d

图 2-1　DMF 作致孔剂时聚丙烯酸钠树脂 SEM 图

a—纯聚丙烯酸钠树脂；b—试验组 1、6、8；c—试验组 2、7、9；d—试验组 3、4、5

#### 2.3.3.2　二甲基亚砜作致孔剂时树脂表面形貌

用二甲基亚砜作致孔剂时，树脂同样具有多孔结构。采取同 DMF 相同的分类方法将 9 组试验样品的 SEM 图进行归类，如图 2-2 所示，主要存在 4 种类型的多孔结构。试验组 1、5、9 三组样品具有相似的形貌结构，如图 2-2a 所示，以柱形孔为主，其孔径分布有所不同，试验组 1 的孔径主要分布在 8~10μm，试验组 5 的孔径分布在 3~5μm 范围内，试验组 9 以 1~3μm 孔居多；图 2-2b 是试验组 3、7 的 SEM 图，由图可以看出树脂表面凹凸有褶皱，无明显柱形孔，其间分布着少量孔径在 1μm 以下的孔；图 2-2c 是试验组 2、4 的 SEM 图，可以看到树脂表面的孔相互连通贯穿，呈现三维网络状，孔隙率也较高，同时还间歇分布着少量柱形孔，孔径在 2~3μm；图 2-2d 是试验组 6、8 的 SEM 图，树脂孔结构具有与柱形孔相似的形态特征，但其孔壁薄、孔径较大，可将其看作是泡状孔。

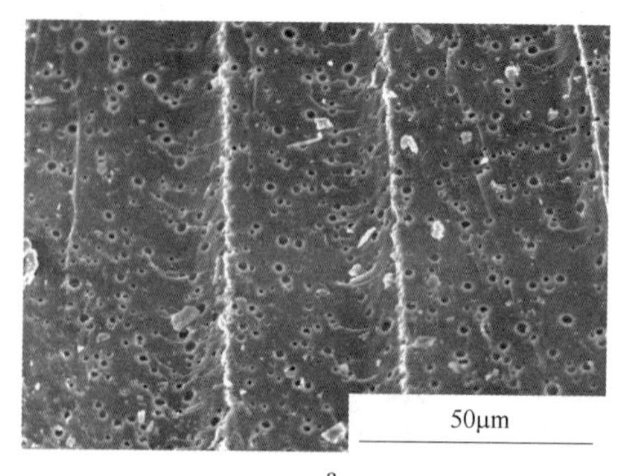


a

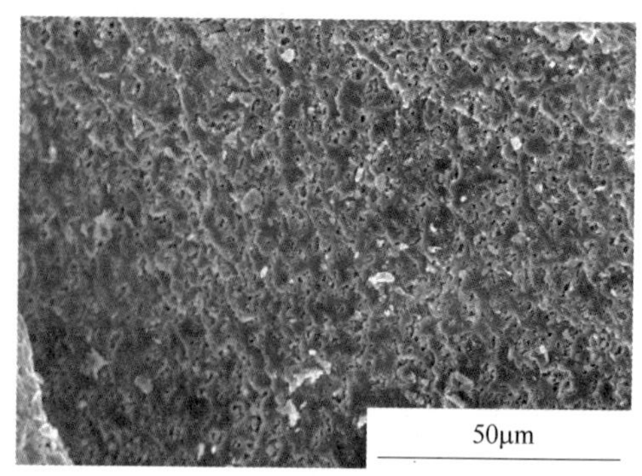


b

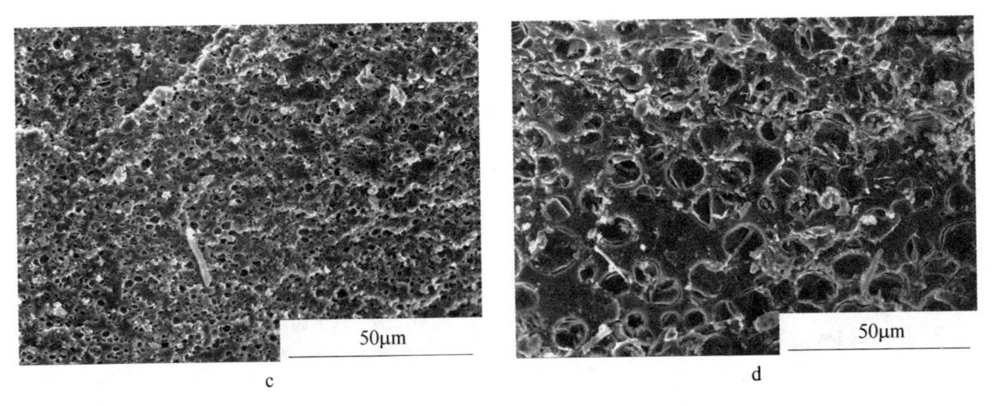


图 2-2 二甲基亚砜作致孔剂时聚丙烯酸钠树脂 SEM 图

a—试验组 1、5、9；b—试验组 3、7；c—试验组 2、4；d—试验组 6、8

#### 2.3.3.3 异丙醇作致孔剂时树脂表面形貌

用异丙醇作致孔剂时，9 组样品的孔均为柱形孔结构，其主要差别在于孔径大小及其分布不同，按照孔径大小对异丙醇试验组的 SEM 图进行分类如图 2-3 所示。图 2-3a 是试验组 1、5 的 SEM 图，其孔径分布在 3~5μm 范围内；图2-3b 是试验组 2、4 的 SEM 图，主要以小孔为主，分布在 2~3μm 范围内，孔隙率较低；图 2-3c 是试验组 3、6、7、8 的 SEM 图，孔径分布在 5~8μm，成孔均匀且孔隙率相对较高；图 2-3d 是试验组 9 的 SEM 图，树脂孔径分布不均，分布范围较广，孔径分布在 10~12μm、4~6μm 以及小于 1μm。

由扫描电镜结果可知，加入致孔剂的聚丙烯酸钠树脂存在多孔结构。一般地，良溶剂作致孔剂时，当其含量增加，聚合物分子链缠绕减少，溶剂化程度提高，树脂结构松散，小孔数量增加，但良溶剂量过高时，树脂溶胀度过大，分子链缠绕十分松散，相当于降低了树脂的交联度，分子链段十分柔顺，在干燥过程中凝胶收缩应力不均发生塌陷，同时部分柔顺分子链段填充在溶剂挥发后留下的孔隙中，树脂表面形貌为无孔致密结构。由于水可以溶胀聚丙烯酸钠树脂，可将其看作是树脂的良溶剂，在没有加入致孔剂时，因凝胶体系中只含有水，且含量极高，聚丙烯酸钠树脂溶胀度过大，在烘干过程中孔发生坍塌、消失，在纯树脂中没有出现多孔结构。当加入致孔剂后，由于三种致孔剂均为聚丙烯酸钠树脂的不良溶剂，它们并不能溶胀树脂，聚合体系发生了相分离，分离出的聚合物分子链蜷曲、缠结，形成多孔间隙，致孔剂与凝胶中的水分子发生键合，成为一个整体代替了原聚合物结构中的单一水分子，填充在多孔间隙中，降低了水分子与聚合物之间的作用力，增大了分子链间距，在干燥挥发过程孔不易塌陷，形成永久性孔洞，树脂具有多孔结构。

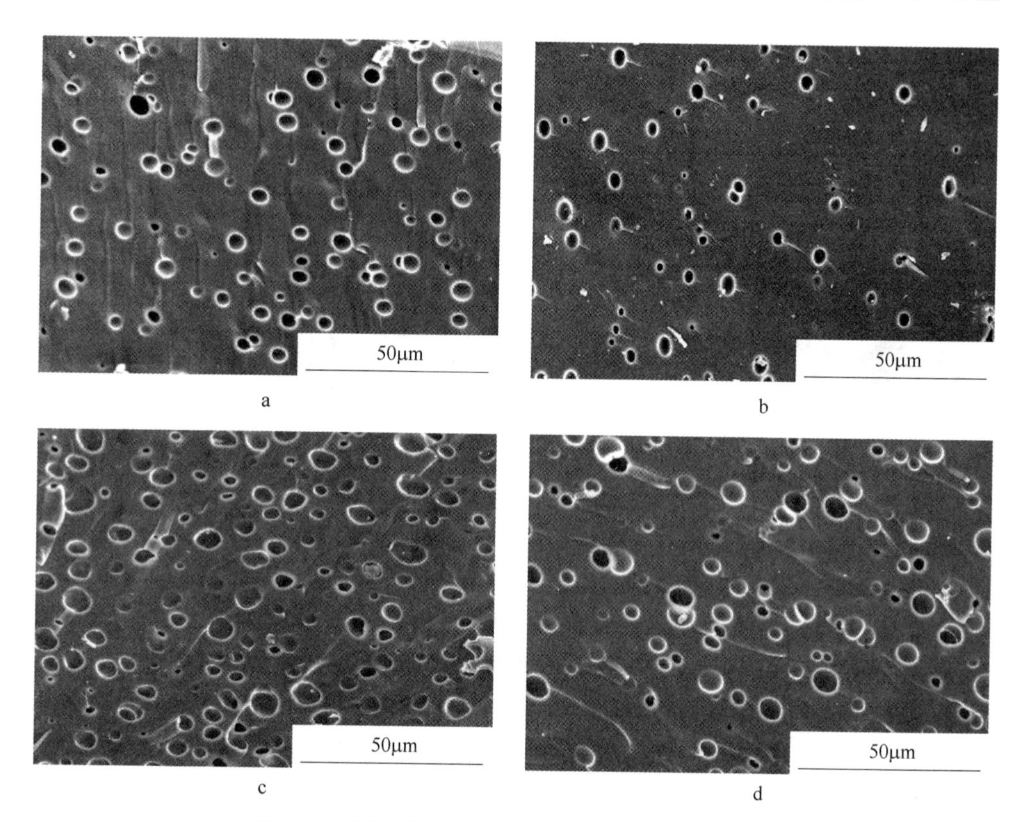


图 2-3　异丙醇作致孔剂时聚丙烯酸钠树脂 SEM 图
a—试验组 1、5；b—试验组 2、4；c—试验组 3、6、7、8；d—试验组 9

在这 27 组样品中，异丙醇试验组所有样品均为柱形孔结构，而 DMF、二甲基亚砜试验组含有多种类型孔，包括柱形孔、泡状孔、带状孔等，但仍以柱形孔为主。由于聚合物微孔不仅与聚合物分子链的韧性、交联密度以及结晶度有关，还与致孔剂分子结构、分子量、极性紧密相关，因上述致孔剂的性质不同，在制备工艺的共同影响下，树脂孔结构有所不同，这说明通过控制致孔剂种类及试验工艺参数可以实现对孔结构的控制。

#### 2.3.3.4　树脂宏观形貌变化

试验采用 USB 数字显微镜观察了纯树脂与致孔剂法制备的多孔树脂颗粒放大 10 倍后的宏观形貌图，如图 2-4 所示。

图 2-4a、b 分别代表纯聚丙烯酸钠树脂与致孔剂法制备的聚丙烯酸钠树脂的宏观形貌图。从图可以看出，未加入致孔剂时，纯树脂是透明的，观察致孔剂法制得的树脂，树脂为乳白色。出现上述变化的原因是因为在未加入致孔剂时，树脂为均匀致密体系，对自然光表现为各向同性，因此树脂透明度较高；加入致孔

a

b

图 2-4 聚丙烯酸钠树脂宏观形貌
a—纯树脂；b—多孔树脂

剂后，树脂中含有孔隙，取向不规则，入射光线进入树脂的孔隙内杂乱折射，无法连续通过，肉眼观察到树脂呈乳白色。当树脂中孔隙增多、孔径变大时，树脂由透明向乳白色过渡，因此，可以通过观察树脂颜色变化简要判断树脂孔隙变化。

### 2.3.4 红外光谱分析

图 2-5 是以 DMF 为致孔剂时树脂的红外光谱图，曲线 a、b、c 分别代表 DMF 溶剂、加入 DMF 后制备的聚丙烯酸钠树脂凝胶态以及干燥状态时的红外谱图。

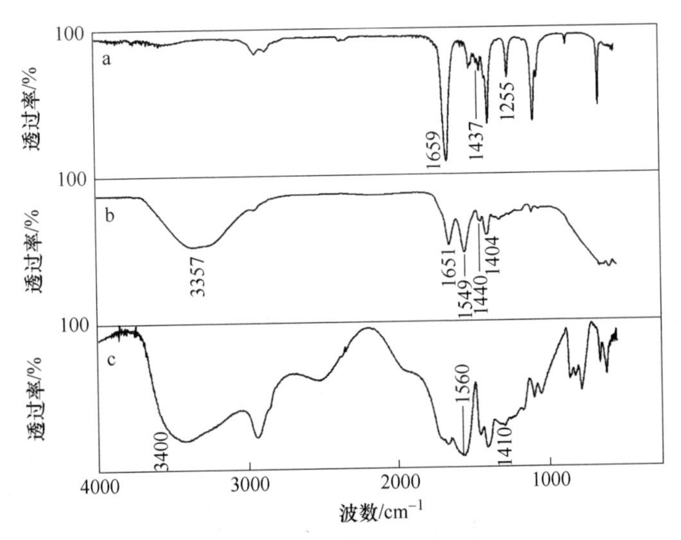


图 2-5 DMF 试验组红外光谱图
a—DMF；b—凝胶态；c—干燥

在 DMF 溶剂的红外谱图中，1659$cm^{-1}$是酰胺键 C ═O 的伸缩振动峰，1437$cm^{-1}$附近是 N—$CH_3$ 中甲基 C—H 的对称变形振动峰，1255$cm^{-1}$处是 C—N 键的伸缩振动峰，这些峰均是 DMF 溶剂的特征吸收峰。根据凝胶态树脂的红外谱图可知，3357$cm^{-1}$是羟基 O—H 的伸缩振动峰，在 1549$cm^{-1}$以及 1404$cm^{-1}$附近出现的吸收峰是羧酸盐 C ═O 的伸缩振动峰，表明聚合产物中存在—COONa 基团。同时，在 1651$cm^{-1}$、1440$cm^{-1}$附近分别代表酰胺键 C ═O、连于 N 原子上 C—H 的伸缩振动峰，它们属于 DMF 的特征峰，说明 DMF 致孔剂没有参与反应，它以独立形态内嵌于凝胶态树脂中。由图 2-5c 可知，在干燥聚丙烯酸钠树脂中只有 3400$cm^{-1}$、1560$cm^{-1}$以及 1410$cm^{-1}$处存在着羧酸钠的特征峰，未见 DMF 溶剂的特征峰，结合扫描电镜结果与红外光谱分析表明 DMF 在后期升温干燥过程中的挥发实现了致孔。

图 2-6 是以二甲基亚砜为致孔剂时树脂的红外光谱图，由上至下分别代表二甲基亚砜、加入二甲基亚砜后制备的聚丙烯酸钠树脂凝胶态以及干燥状态时的红外谱图。

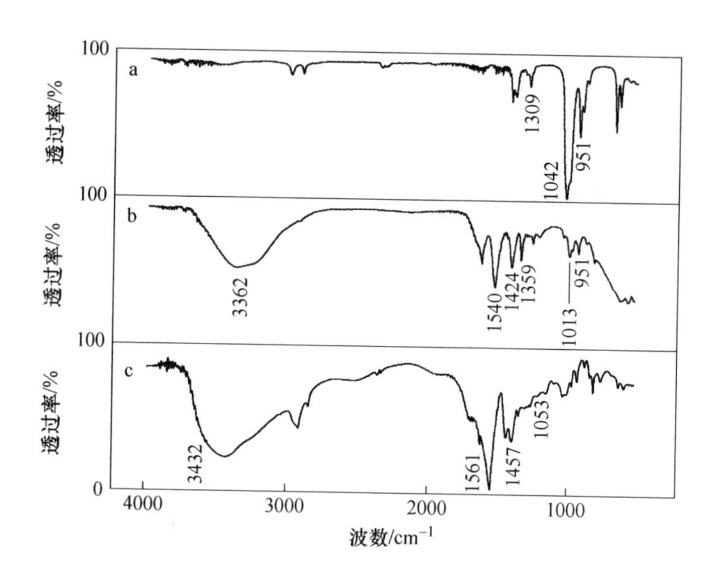


图 2-6　二甲基亚砜试验组红外光谱图

a—二甲基亚砜；b—凝胶；c—干燥

在二甲基亚砜红外谱图中，1309$cm^{-1}$为 S—$CH_3$ 中 C—H 的对称变形振动峰，1042$cm^{-1}$是 S ═O 的伸缩振动峰。在凝胶态树脂的红外谱图中，3362$cm^{-1}$、1540$cm^{-1}$、1424$cm^{-1}$附近分别代表羟基 O—H、羧酸钠中 C ═O 的特征峰，说明反应合成了聚丙烯酸钠树脂，1359$cm^{-1}$为 S—$CH_3$ 中甲基的 C—H 振动峰，1013$cm^{-1}$处为 S ═O 的伸缩振动峰，同时在二甲基亚砜与凝胶态树脂中都存在

951cm$^{-1}$吸收峰，说明凝胶态树脂中含有二甲基亚砜，但是 S ═O 吸收峰发生了低频位移，这是因为在凝胶态树脂中的水分子通过氢键作用与二甲基亚砜发生溶剂化作用，对二甲基亚砜化学键的力常数产生影响，进而改变了二甲基亚砜吸收峰的强度和位置，促使其发生低频位移。在干燥树脂的红外谱图中，在 3432cm$^{-1}$、1561cm$^{-1}$以及 1457cm$^{-1}$处存在羧酸钠的特征峰，未见二甲基亚砜的特征峰，结合扫描电镜结果与红外光谱分析表明二甲基亚砜在升温干燥过程中挥发实现了致孔。

如图 2-7 所示，曲线 a、b、c 分别代表异丙醇、异丙醇为致孔剂时制备的聚丙烯酸钠树脂凝胶态以及干燥状态时的红外光谱图。

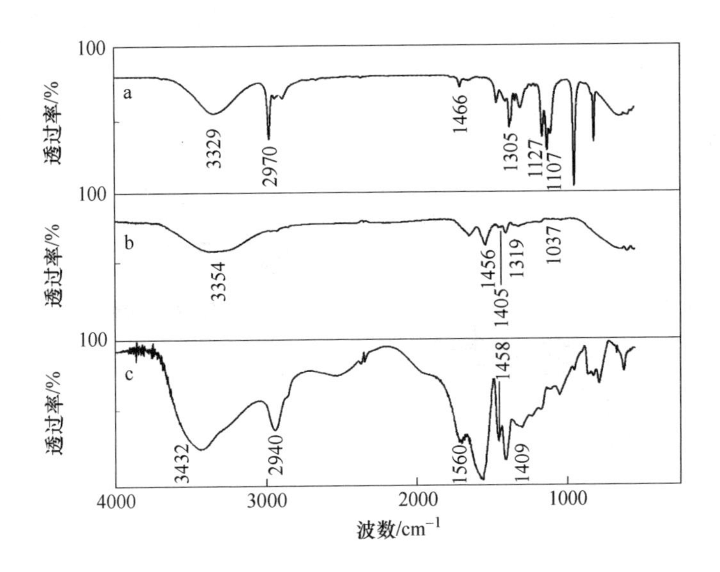


图 2-7 异丙醇试验组红外光谱图

a—异丙醇；b—凝胶；c—干燥

4000~3200cm$^{-1}$范围内主要是羟基 O—H 的伸缩振动峰。在异丙醇红外谱图中，1305cm$^{-1}$处是醇羟基 O—H 的变形振动峰，在 1127cm$^{-1}$与 1107cm$^{-1}$附近是异丙醇中 C—O 的伸缩振动峰，这些都是异丙醇的特征吸收峰。在凝胶态树脂 1456cm$^{-1}$、1405cm$^{-1}$附近与干燥树脂 1560cm$^{-1}$、1458cm$^{-1}$、1409cm$^{-1}$附近的吸收峰均是羧酸盐 C ═O 的特征峰，说明聚丙烯酸钠树脂成功合成。在凝胶态树脂的红外光谱中，1319cm$^{-1}$和 1037cm$^{-1}$出现了醇羟基 O—H 变形振动峰与醇 C—O 伸缩振动峰，说明凝胶态树脂中存在异丙醇，在 1750~1720cm$^{-1}$范围内并未出现酯基的特征峰，说明异丙醇未与单体发生酯化反应。而在干燥树脂红外光谱中未发现异丙醇的特征吸收峰，说明异丙醇内嵌于凝胶聚合物中不参与聚合反应，并在干燥阶段挥发实现致孔。

## 2.3.5　吸湿性能测定

分子筛和硅胶是两种常见的、用量最大的干燥剂。分子筛是一种由人工合成的、具有微孔结构的硅酸铝盐材料，其常见类型有4A、5A型分子筛，4A、5A指的是分子筛的孔径分别为0.4nm、0.5nm，其结构膨松，具有较高的孔隙率和较大的比表面积，吸附能力强，在吸附干燥领域有广泛应用；硅胶是一种粒状多孔的二氧化硅水合物，具有较强的吸湿能力。试验选取这两种常见干燥剂与试验制备的多孔聚丙烯酸钠树脂进行比较，测定了正交试验中27组试验样品、分子筛、硅胶在RH=100%、$T$=20℃时历时400h的吸湿曲线如图2-8所示，吸湿量如表2-5所示。根据表2-5的试验结果，分别对三种致孔剂制备的多孔树脂的吸湿量进行极差分析，结果见表2-6~表2-8。

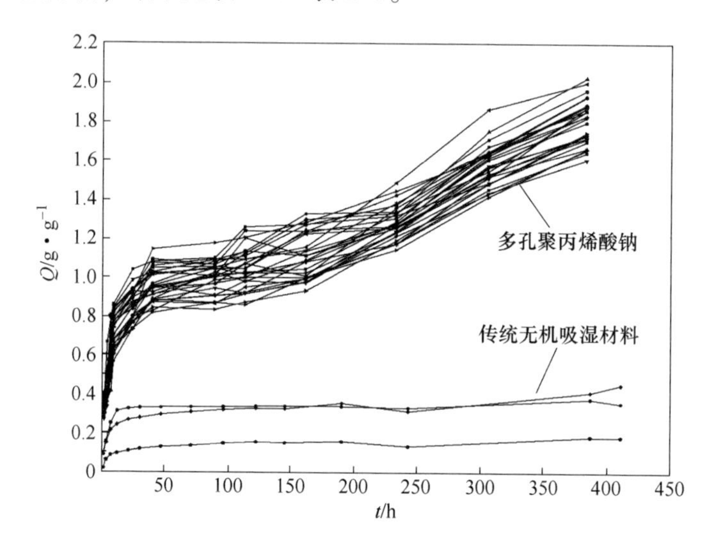


图2-8　吸湿曲线

**表2-5　100%RH下树脂吸湿量**　　(g·g$^{-1}$)

| 项目 | 试验组序号 | | | | | | | | |
|---|---|---|---|---|---|---|---|---|---|
| | 1 | 2 | 3 | 4 | 5 | 6 | 7 | 8 | 9 |
| DMF | 1.869 | 1.823 | 1.642 | 1.656 | 1.663 | 1.604 | 1.736 | 1.661 | 1.888 |
| 二甲基亚砜 | 1.697 | 1.857 | 1.737 | 1.872 | 1.713 | 1.881 | 1.829 | 1.929 | 1.927 |
| 异丙醇 | 1.797 | 1.96 | 1.831 | 1.73 | 1.854 | 1.888 | 2.024 | 1.717 | 2 |
| 4A分子筛 | 0.4489 | | | | | | | | |
| 5A分子筛 | 0.1785 | | | | | | | | |
| 硅胶 | 0.3543 | | | | | | | | |

表 2-6 DMF 作致孔剂时各因素对评价指标的影响

| 因素 | 吸湿量 | | | |
|---|---|---|---|---|
| | K1 | K2 | K3 | 极差 |
| A | 1.778 | 1.641 | 1.761 | 0.137 |
| B | 1.753 | 1.716 | 1.711 | 0.042 |
| C | 1.711 | 1.888 | 1.68 | 0.208 |
| D | 1.807 | 1.727 | 1.657 | 0.15 |

表 2-7 二甲基亚砜作致孔剂时各因素对评价指标的影响

| 因素 | 吸湿量 | | | |
|---|---|---|---|---|
| | K1 | K2 | K3 | 极差 |
| A | 1.764 | 1.822 | 1.895 | 0.131 |
| B | 1.799 | 1.833 | 1.848 | 0.049 |
| C | 1.836 | 1.885 | 1.76 | 0.125 |
| D | 1.779 | 1.856 | 1.846 | 0.077 |

表 2-8 异丙醇作致孔剂时各因素对评价指标的影响

| 因素 | 吸湿量 | | | |
|---|---|---|---|---|
| | K1 | K2 | K3 | 极差 |
| A | 1.863 | 1.824 | 1.913 | 0.089 |
| B | 1.85 | 1.843 | 1.906 | 0.063 |
| C | 1.8 | 1.897 | 1.903 | 0.103 |
| D | 1.884 | 1.957 | 1.759 | 0.198 |

由图 2-8、表 2-5 可知，多孔聚丙烯酸钠树脂吸湿量远高于分子筛、硅胶等无机吸湿材料。由图 2-8 可知，无机吸湿材料在较短时间内即可达到平衡状态，而多孔聚丙烯酸钠树脂吸湿量还在持续增加，根据曲线的变化走向可知树脂吸湿量还有继续增大的趋势。根据表 2-5 可知，当异丙醇作致孔剂时大部分树脂样品的吸湿量高于同等试验条件下 DMF、二甲基亚砜作致孔剂时树脂的吸湿量，其中异丙醇试验组最高可达 2.02g/g，二甲基亚砜试验组吸湿量居中，DMF 试验组吸湿量相对较低。

对三种致孔剂正交试验结果进行极差分析，结果如表 2-6~表 2-8 所示。当 DMF 作致孔剂时，各因素对树脂吸湿量影响的主次顺序为 C（单体浓度）>D（致孔剂）>A（引发剂）>B（交联剂），分析得到最佳试验工艺为 $C_2D_1A_1B_1$；当二甲基亚砜作致孔剂时，各因素对树脂吸湿量影响的主次顺序为 A（引发剂）

>C（单体浓度）>D（致孔剂）>B（交联剂），其最佳试验工艺为 $A_3C_2D_2B_3$；异丙醇作致孔剂时，各因素对树脂吸湿量影响的主次顺序为 D（致孔剂）>C（单体浓度）>A（引发剂）>B（交联剂），其最佳试验工艺为 $D_1C_3A_3B_3$。

结合图 2-1~图 2-3 与表 2-5 吸湿结果可知，在第一组试验工艺下，三种致孔剂制备的多孔聚丙烯酸钠树脂的孔结构均为柱形孔，其孔隙率由高到低依次为 DMF>异丙醇>二甲基亚砜，其吸湿量由大到小依次为 DMF>异丙醇>二甲基亚砜，说明孔隙率越高，水的输送通道越多，树脂吸湿性越好；在第二组、第三组试验工艺下，三种致孔剂制备的多孔树脂均有较高孔隙率，其中，异丙醇试验组的两组样品均为柱形孔结构，其他致孔剂下的树脂为连通孔或三维网络结构，在吸湿量上，异丙醇试验组更高，说明柱形孔有利于提高树脂吸湿性能；在第五组试验工艺下，三组致孔剂制备的多孔树脂的孔隙率都较高，二甲基亚砜与异丙醇试验组中树脂为柱形孔结构，且两者吸湿量高于具有连通孔结构的 DMF 试验组，再次说明柱形孔利于树脂吸湿；在第六组试验工艺下，DMF 试验组与异丙醇试验组的树脂均含有柱形孔，其中 DMF 试验组其孔径较大，集中在 10μm，异丙醇试验组孔径较小，集中在 5μm 附近，而在吸湿量上，异丙醇试验组吸湿量高于 DMF 试验组，说明具有小孔径的多孔树脂其吸湿性更好。综上所述，柱形孔、高孔隙率、小孔径有利于提高树脂吸湿性能。

结构决定性质，孔的结构性质决定了树脂的吸湿性能，上述分析表明树脂吸湿性能受树脂孔结构影响，说明树脂多孔结构控制对改善树脂吸湿性能具有重要意义。因孔结构性质受制备工艺与致孔剂性质影响，通过调整制备工艺、选择适宜致孔剂可以实现对树脂多孔结构的控制，进而达到调控树脂的吸湿性能的目的。

### 2.3.6　热重分析

水在亲水性聚合物中以自由水、可冻结合水、非冻结合水的“三态水模型”存在，水与聚合物的相互作用影响水的结合状态。当体系中只有水-水相互作用时，水以自由水形态存在，高分子聚合物对其影响较小，其熔化、焓变等热力学行为接近于纯水；当体系中存在水-聚合物、水-水作用且前者的作用较弱时，水在聚合物中以可冻结合水形态存在，此时水的相变温度以及相变焓低于纯水；当聚合物中的亲水基团与水发生氢键作用时，以非冻结合水形式存在，非冻结合水在冰点不会发生冻结，-100~-50℃也不会发生相变。一般非冻结合水在三种水中含量最低，只有 2~3 个水分子层。

为了研究树脂热稳定性及树脂与水的结合状态，根据吸湿测定结果可知 DMF、二甲基亚砜、异丙醇九组试验中以第九组试验样品的吸湿量普遍较高，因此试验分别选取了正交试验第九组试验样品，测定其吸湿 24h 后的 TG 曲线，如图 2-9 所示。

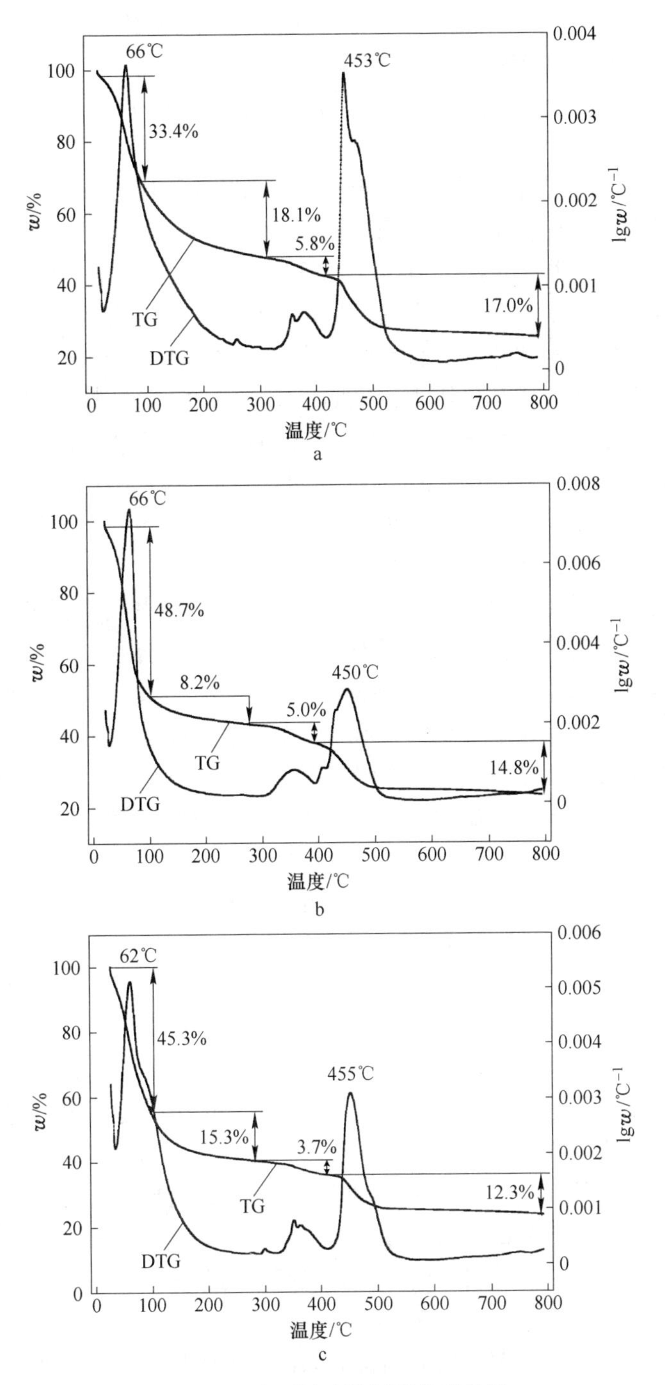


图 2-9 聚丙烯酸钠树脂热重曲线

a—DMF；b—二甲基亚砜；c—异丙醇

由图 2-9 可知，三组样品的失重温度变化范围大致相同，主要存在三个质量损耗区：第一失重区在 300℃ 范围内，当温度升至 100℃，失重仍在继续，直至 300℃附近出现失重平台，第二个失重区范围是 300~420℃，第三个失重区是在 420℃以后。

当水与聚合物无相互作用时，失重一般会在 100℃以下结束，此时失去的物质是与树脂结合最弱的自由水。当温度高于 100℃时，此时树脂表面已由湿态转变为干态，但从 TG 曲线可看出仍存在失重区，直至 300℃出现了第一个失重平台，由于可冻结合水常常通过取向力或氢键作用与非冻结合水连接，难以严格分离，因此把可冻结合水和非冻结合水统一为结合水，因结合水作用力较强，需要在较高的温度下才能破坏其作用力，说明在 100~300℃区间树脂失去的是结合水成分；300~420℃失重区可能是由树脂中残留的少量未聚合单体以及低聚物发生热分解引起的；第三失重区在 420~600℃，因树脂交联网络结构被破坏，大分子物质发生降解。在 450℃左右时，树脂失重率最大，树脂分解剧烈，由此可知树脂具有良好的耐热性，能够应用于高温控湿领域。

分析比较三种样品在第一失重区自由水和结合水的失重比例可知，三种样品在吸湿后均存在一定量的自由水、可冻结合水、非冻结合水，其中二甲基亚砜和异丙醇两组样品失水比例总和超过 55%，特别是异丙醇试验组的失重率在 60%以上，说明异丙醇试验组含水量高、吸湿效果好。由 TG 曲线可知，二甲基亚砜样品自由水含量较大，这可能是因为在吸湿初期二甲基亚砜样品吸湿速度较快，自由水含量相对较大。异丙醇试验组的 TG 曲线在 100℃附近出现一个拐点，有分裂成两个峰的趋势，此时树脂失重温度范围增大，要在较高温度下才能失去树脂中的水，这可能是因为树脂中存在可冻结合水，其作用力较强，使得失重温度升高，在高于 100℃时，随着温度升高，在相同温度下，异丙醇样品相较于其他两组其失重率有所增加，可冻结合水挥发速率加快，这一现象说明异丙醇样品中含有较多可冻结合水，使得结合水总含量整体高于其他两组。

在测定树脂吸湿性的过程中发现，当树脂吸湿 5d 后，异丙醇试验组的样品开始呈现透明状态，而 DMF、二甲基亚砜试验组的样品呈现乳白色。吸湿时间更长时，异丙醇试验组的样品已是完全透明状态，装样所用的表面皿的底部清晰可见，如图 2-10a 所示。在同等吸湿时间下其他两组样品外表面有一定透明度，而内部仍是乳白色，如图 2-10b 所示。由此说明异丙醇试验组的多孔通道可将水输送至树脂内部，与亲水基团充分结合，提高了树脂中结合水的含量，这与热重分析结果一致。

综上可知，以异丙醇为致孔剂制备的聚丙烯酸钠树脂的多孔通道对水输送效果好，树脂吸湿倍率更高。

a

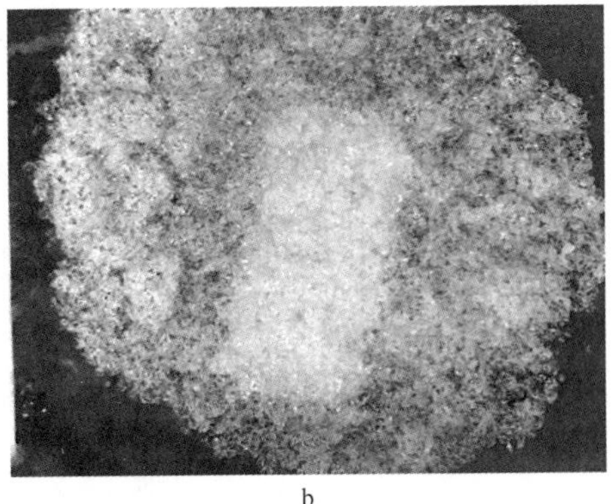

b

图 2-10 树脂吸湿表面形貌图

a—异丙醇试验组；b—DMF、二甲基亚砜试验组

### 2.3.7 能谱分析

试验选取了树脂表面某一含孔区域，如图 2-11a 所示，首先测定整个区域元素的总体分布，再选定孔内某一区域并测定该区域范围的元素分布，元素分析结果如图 2-11、表 2-9 所示。

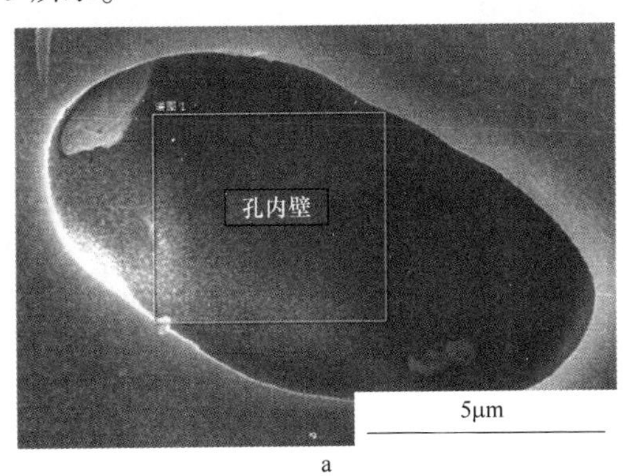


a

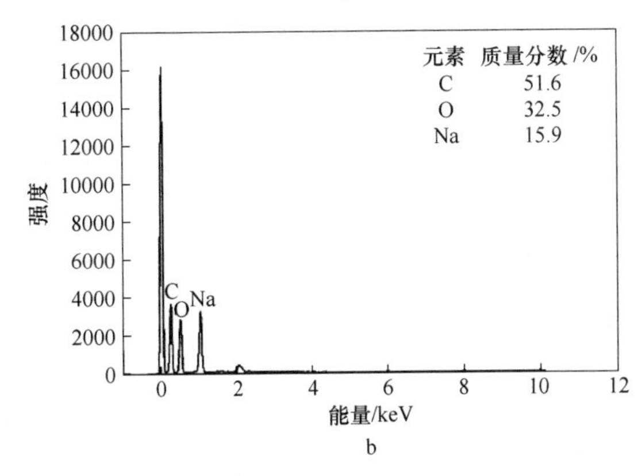


b

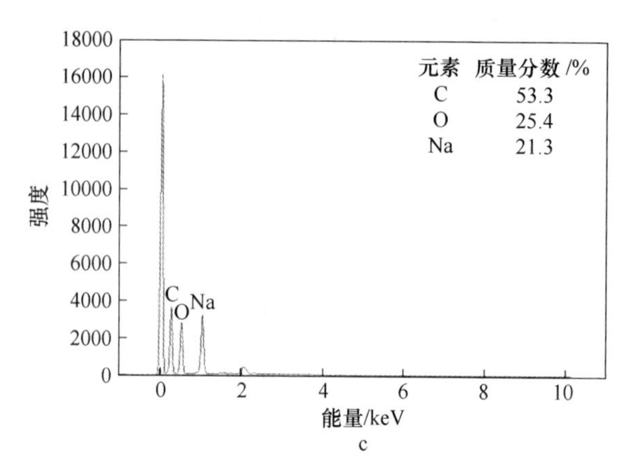


图 2-11　树脂含孔区域元素分析图
a—含孔截面；b—总区域；c—孔内壁

**表 2-9　树脂含孔区域元素含量**　　（质量分数,%）

| 元素 | 总区域 | 孔内壁 |
|---|---|---|
| C | 51.6 | 53.3 |
| O | 32.5 | 25.4 |
| Na | 15.9 | 21.3 |

由表 2-9 可知总区域钠离子所占比例为 15.9%，孔内壁区域钠离子所占比例为 21.3%，明显高于总区域钠离子浓度，表明孔内离子化程度高于非孔部分，有利于增强水分子在孔通道中与树脂的结合，提高水的输送能力，具体表现为吸湿量的增加，这一结果证明了致孔对改善树脂吸湿性能的重要性。

### 2.3.8　小结

主要分析了三种致孔剂制备的聚丙烯酸钠树脂的成孔性和吸湿性能，通过分析比较多孔树脂的综合性能，筛选出较优致孔剂，主要试验内容有：

（1）试验选取了 DMF、二甲基亚砜以及异丙醇为致孔剂，综合考虑影响因素对树脂结构与性能的影响，采用了正交试验法分别对三种致孔剂设计试验方案，制备了多孔聚丙烯酸钠树脂。

（2）采用扫描电镜观察多孔聚丙烯酸钠树脂的表面形貌，根据孔形、孔径的特点对三种致孔剂制备的多孔聚丙烯酸钠树脂 SEM 图进行分类，简要分析三种致孔剂各自的成孔特点，结果表明 DMF、二甲基亚砜试验组含有多种类型孔结构，树脂中分布着柱形孔、泡状孔、连通孔，异丙醇试验组均为柱形孔结构，孔径分布相对均匀。采用数字显微镜观察了纯树脂与致孔剂法制备的多孔树脂颗粒的宏观形貌图，用肉眼可直接观察到纯树脂呈透明状态，当树脂中含有孔结构时，树脂呈乳白色，因此可利用树脂宏观颜色变化直接判断树脂孔隙变化情况。

（3）试验测定了树脂在 $T=20℃$、RH=100%、历时 400h 的吸湿量，其中异丙醇试验组吸湿量普遍较高。结合扫描电镜结果，比较了同等试验条件下三种致孔剂制备的聚丙烯酸钠树脂孔的结构与吸湿性能的差异，分析了树脂多孔结构对其吸湿性能的影响，结果表明当树脂中含有柱形孔、树脂孔隙率较高、孔径较小且孔径分布均匀时，其吸湿量一般较高。

（4）试验测定了三种致孔剂制备的多孔树脂在吸湿 24h 后的热失重曲线，结果表明聚丙烯酸钠树脂在 450℃左右时开始急剧分解，说明树脂具有良好的热稳定性；分析了树脂在 300℃范围内的失水过程，结果表明异丙醇试验组结合水含量高于其他两组致孔剂，其吸湿性能更好。

综上所述，通过对三种致孔剂制备的聚丙烯酸钠树脂的表面形貌的观察、吸湿量的测定以及水的失重分析，结果表明以异丙醇为致孔剂制备的聚丙烯酸钠树脂只存在柱形孔结构，其吸湿性能更加优异，说明异丙醇制备的聚丙烯酸钠树脂的多孔通道对水具有很好的输送效果。因此，试验筛选了异丙醇为较优致孔剂。

## 2.4 异丙醇制备多孔聚丙烯酸钠树脂的研究

### 2.4.1 引言

经分析比较，以异丙醇为致孔剂制备的多孔聚丙烯酸钠树脂综合性能更好，因此本章对其开展详细研究，以确定各影响因素对多孔聚丙烯酸钠树脂多孔结构和吸湿性能的影响，并确定最佳制备工艺。在 2.3 节中主要采用正交试验法对多孔树脂的影响因素进行整体考虑与综合设计，为具体研究各因素对树脂成孔性及吸湿性能的影响变化，故在本节首先采用单因素变量法研究单体浓度、引发剂含量、交联剂含量、致孔剂含量、中和度以及干燥温度等因素对树脂成孔性及吸湿性能的影响，然后采用正交试验法，确定最优制备工艺，通过测定树脂在不同吸湿时间下的热失重曲线，研究分析在吸湿过程中树脂与水的结合状态变化。

### 2.4.2 制备工艺对聚丙烯酸钠树脂孔结构及吸湿性能的影响

结合相关文献，在 2.3 节工艺参数基础上增加了中和度、干燥温度两个影响因素，详细研究制备工艺对树脂多孔结构及吸湿性能的影响，采用扫描电镜观察树脂表面形貌，测定树脂在 25℃、100%RH、历时 700h 的吸湿量，试验工艺设计及测定结果如下。

#### 2.4.2.1　单体浓度对聚丙烯酸钠树脂多孔结构及吸湿性能的影响

图 2-12、图 2-13 分别代表单体浓度对树脂表面形貌影响的 SEM 图与吸湿变化曲线图。随着单体浓度的增大，树脂孔隙率提高，孔径变小，由 5μm 向 2μm 变化，其吸湿量不断增加。单体浓度变化使聚合物分子链及其分子结构发生了变化，分子链结构的变化进一步影响树脂多孔结构的形成。当单体浓度较低时，分子链较短且链间空隙较大，致孔剂分子容易大量聚集并填充在链间空隙中，占据较大的体积，在干燥过程中因聚集的致孔剂整体挥发使得树脂孔径较大，孔隙率较低，水扩散通道较少，吸湿量偏低，同时，因单体浓度较低，使得聚合物分子量偏低，聚合物呈现水溶性，也导致树脂吸湿性能较差；当单体浓度增大时，聚合物分子链紧密缠绕，树脂为凝胶态时，致孔剂易被紧密缠绕的聚合物网络结构分散成单个分子束缚在聚合体系中，在干燥过程中因单个小体积致孔剂分子挥发使树脂具有小孔径、高孔隙率的多孔结构，同时，单体浓度增加，—COONa亲水基团增多，在亲水基团和多孔输送通道的共同作用下，树脂吸湿量增加。

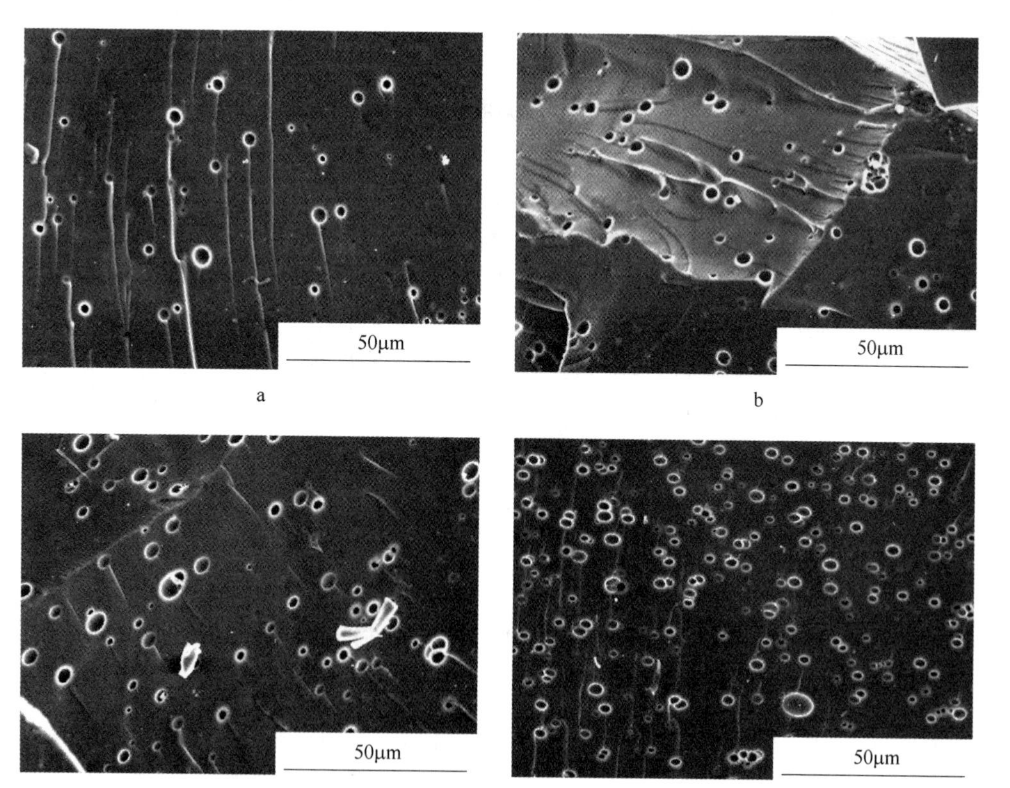

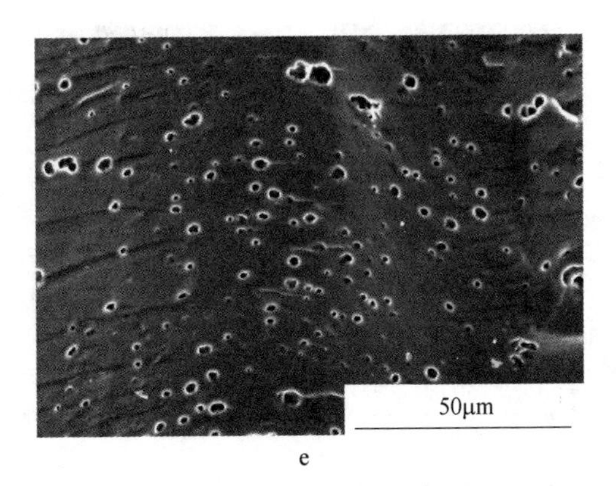


e

图 2-12 不同单体浓度制备多孔树脂 SEM 图

a—15%；b—20%；c—25%；d—30%；e—35%

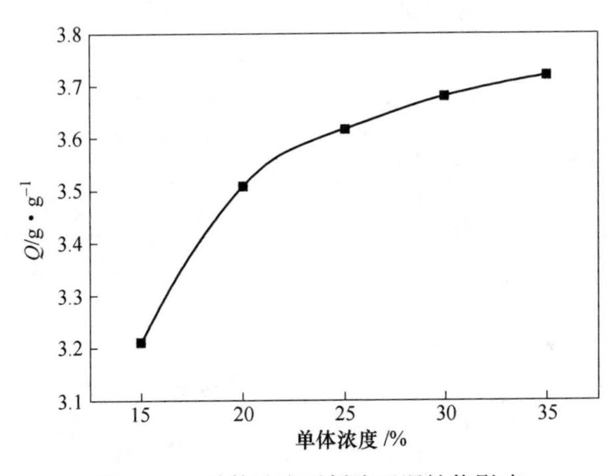


图 2-13 单体浓度对树脂吸湿性能影响

#### 2.4.2.2 引发剂对聚丙烯酸钠树脂多孔结构及吸湿性能的影响

图 2-14、图 2-15 分别是引发剂用量对树脂表面形貌影响的 SEM 图与吸湿变化曲线图。由图 2-14 可知树脂孔隙率并不高，其孔径分布在 2~4μm，而吸湿量出现先增后降的变化趋势。引发剂对树脂成孔性的影响较小，对树脂吸湿性能的影响较大。引发剂影响聚合反应速率和转化率，当引发剂用量较低，可引发产生的活性自由基数量较少，聚合速率慢，不利于树脂网络结构的形成，自交联程度较小，聚合物水溶性成分所占比重较大，树脂吸湿性能较差；若引发剂量过大，产生的自由基数量较多，反应速率加快，难以控制，体系发生爆聚，放热量大，局部温度过高，使得小分子聚合物增多，树脂吸湿性能下降。

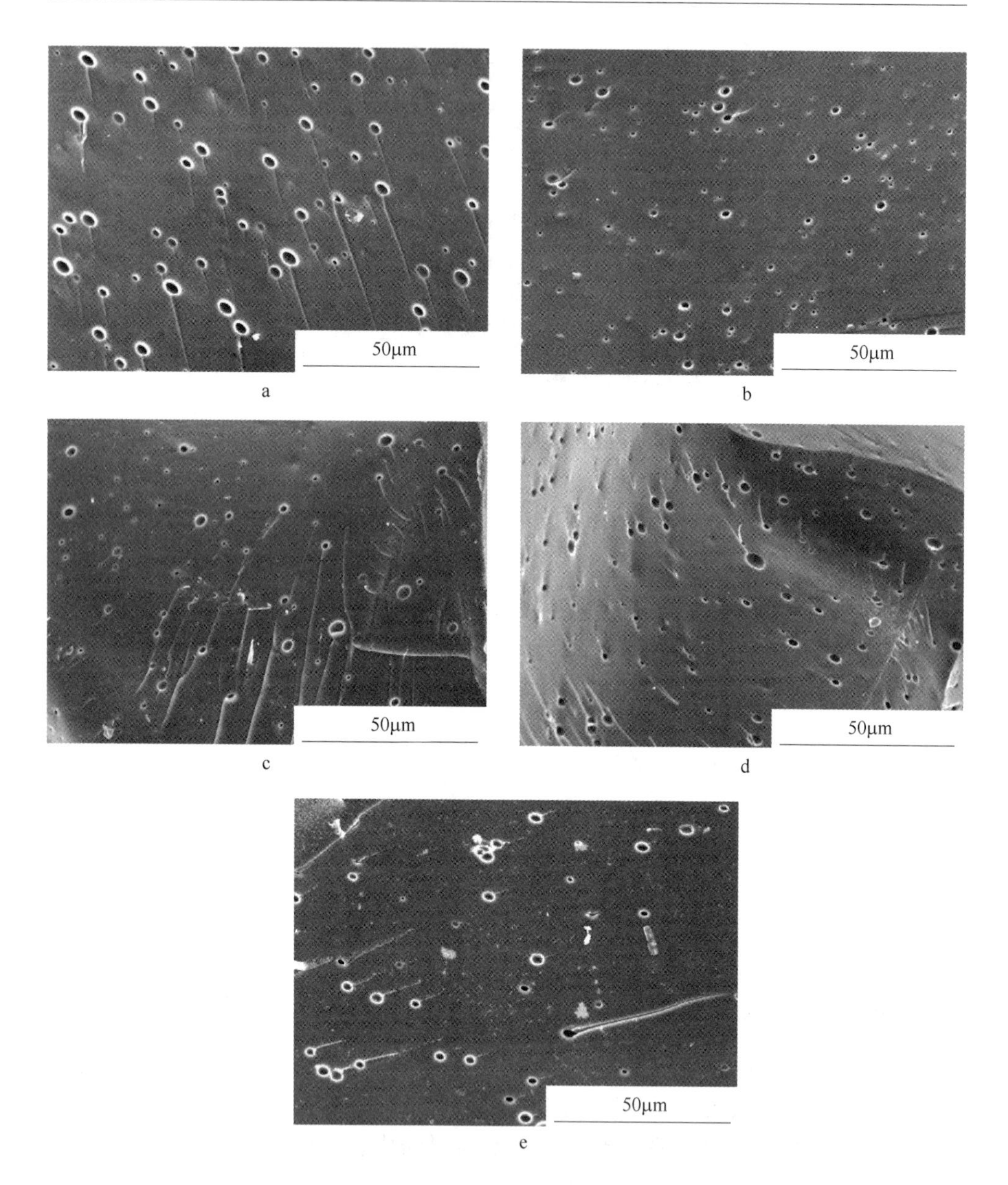


图2-14 不同引发剂用量制备多孔树脂SEM图

a—0.25%；b—0.3%；c—0.35%；d—0.4%；e—0.45%

#### 2.4.2.3 交联剂对聚丙烯酸钠树脂多孔结构及吸湿性能的影响

图2-16、图2-17分别是交联剂用量对树脂表面形貌影响的SEM图与吸湿变化曲线图。由图2-16可知，随着交联剂用量的增加，树脂孔径逐渐变小，由

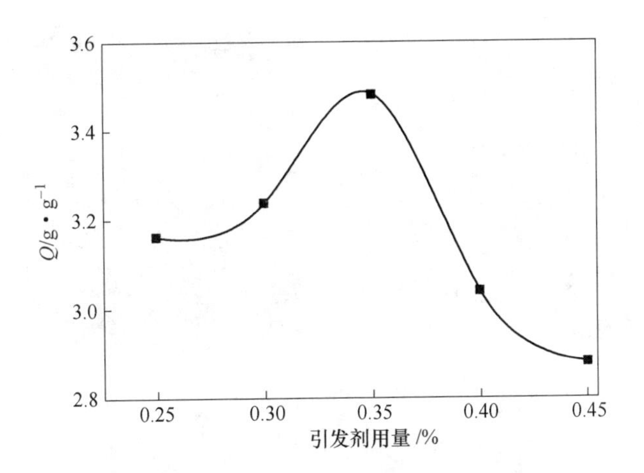


图 2-15 引发剂用量对树脂吸湿性能影响

10μm 到 5μm 变化，再到 3μm 变化；当交联剂进一步增加，树脂孔径开始增大，孔径分布在 6~10μm 范围内。由图 2-17 可知树脂吸湿量呈现先增加后降低的变化趋势。当交联剂用量较低时，树脂中交联点数量较少，交联度较低，形成的交联网状结构较少，树脂孔径较大，同时因交联度较小，树脂中水溶大分子较多，不利于吸湿，树脂吸湿量较低；随着交联剂用量的增加，树脂中交联点数量增加，其交联度增大，树脂网络孔径变小，孔道增多，有利于水分子的扩散输送，吸湿量增大。文献指出当致孔剂种类与用量确定时，在一定范围内，当聚合物交联度增大，其比表面积增大，孔径变小，根据图 2-16 孔径变化可知，这与试验结果相符。当交联剂用量进一步增加，聚合物分子量增大，其黏度较高，阻碍了致孔剂在聚合物中的运动，在一定程度上影响了致孔剂的挥发致孔，影响小孔的形成，树脂孔隙率下降，同时，过高的交联度使聚合物舒展能力减弱，不利于树脂吸湿，树脂吸湿量下降。

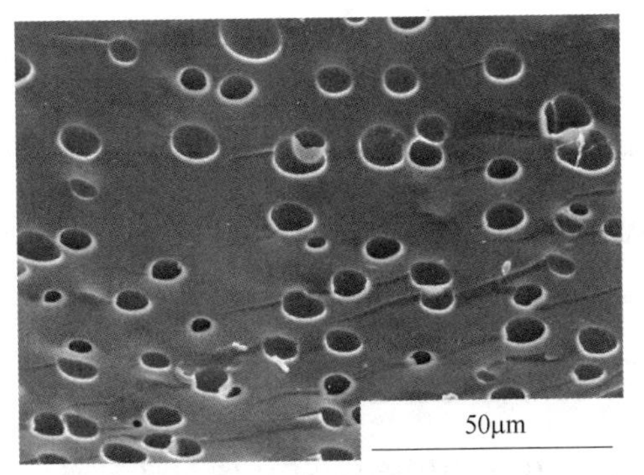


a

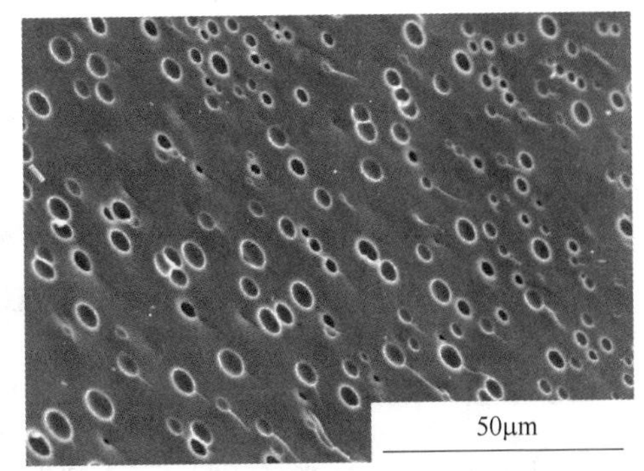


b

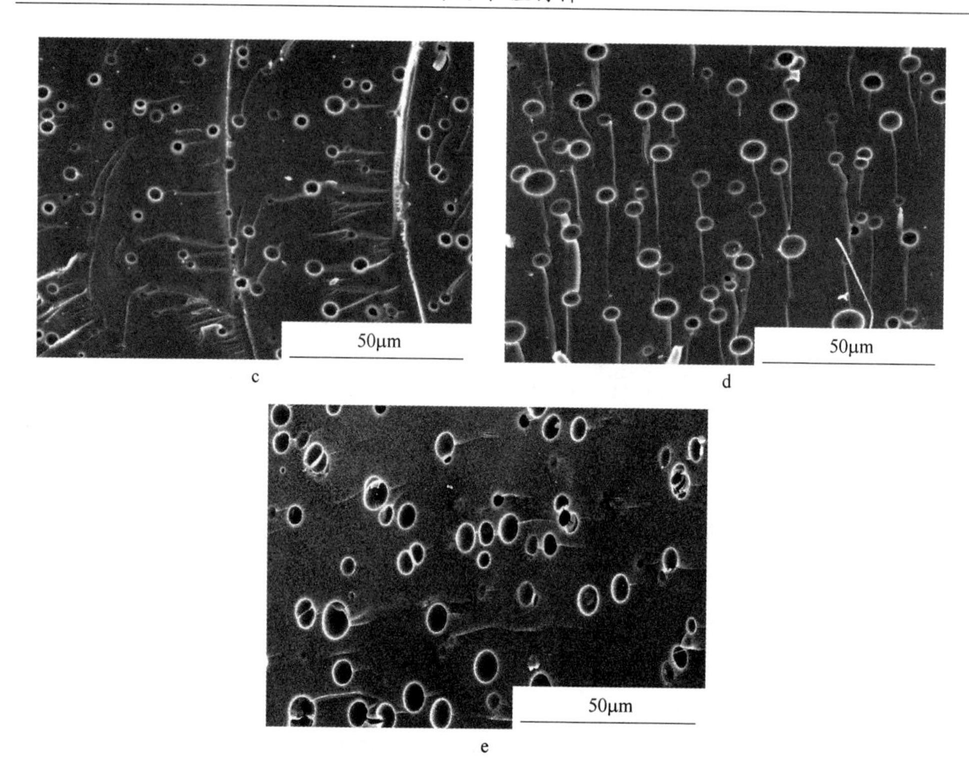


图 2-16　不同交联剂用量制备多孔树脂 SEM 图

a—0.1%；b—0.12%；c—0.15%；d—0.18%；e—0.21%

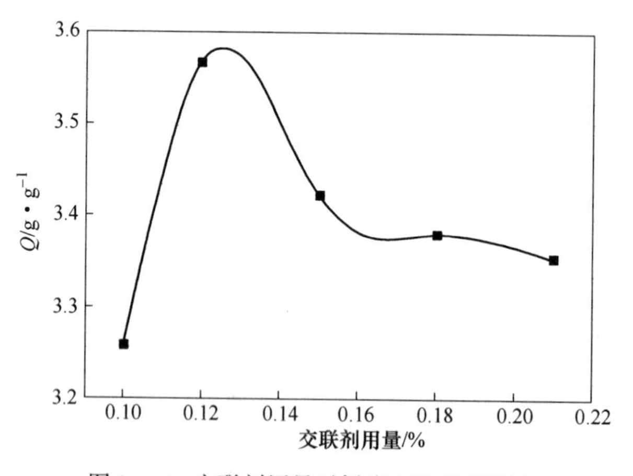


图 2-17　交联剂用量对树脂吸湿性能影响

#### 2.4.2.4　致孔剂对聚丙烯酸钠树脂多孔结构及吸湿性能的影响

图 2-18、图 2-19 分别是致孔剂对树脂多孔结构影响的 SEM 图与吸湿变化曲线图。当树脂交联度确定时，致孔剂用量增加，其孔径相应增大。由图 2-18、

图 2-19 可知，当致孔剂含量较低，树脂以小孔为主，其孔径分布在 1~2μm 范围内，在表面亲水基团与小孔毛细凝聚的共同作用下树脂吸湿；随着致孔剂含量增加，树脂孔隙率提高，水分子输送能力增强，吸湿性能提高；当致孔剂用量过大，树脂孔径最大化，其力学性能变差，孔发生塌陷，部分孔闭合，孔隙率有所降低，其吸湿性能受到影响，吸湿量下降。

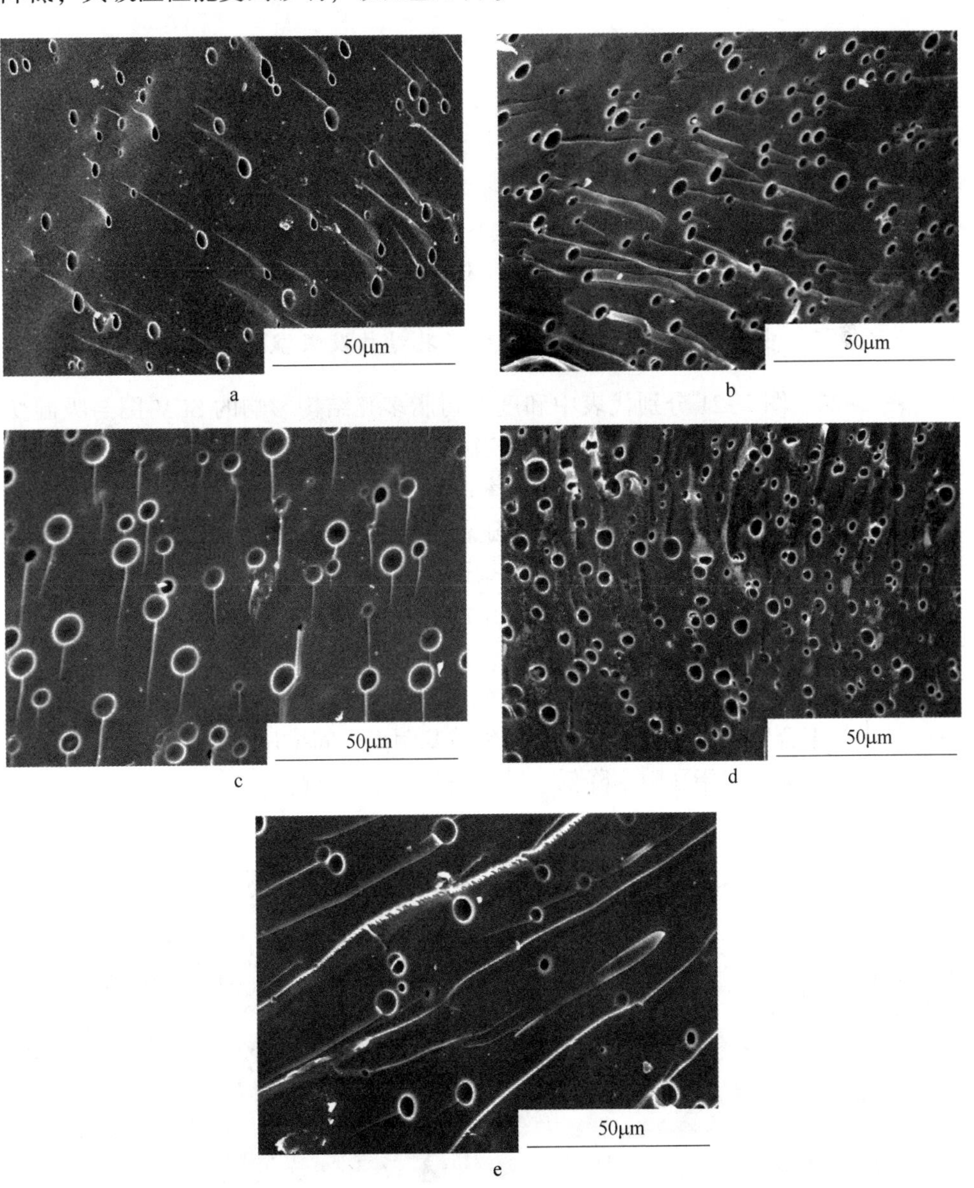


图 2-18 不同致孔剂用量制备多孔树脂 SEM 图

a—10%；b—15%；c—20%；d—25%；e—30%

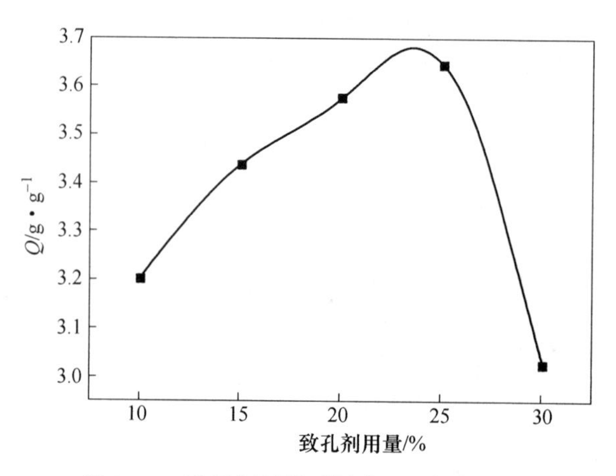


图 2-19　致孔剂用量对树脂吸湿性能影响

#### 2.4.2.5　中和度对聚丙烯酸钠树脂多孔结构及吸湿性能的影响

图 2-20、图 2-21 分别代表中和度对树脂多孔结构影响的 SEM 图与吸湿变化曲线图。由图 2-20、图 2-21 可知，当中和度增加，树脂孔径变大，其孔径从 2~3μm 的分布向 6μm 集中分布，孔隙率提高，树脂吸湿量呈现先升后降的变化趋势。当中和度在 60%~70%范围内，随着中和度的增大，羧酸钠含量增加，其离解的羧酸根离子相应增多，聚合物骨架因离子间较强的静电作用相互排斥，树脂孔径增大，孔隙率提高，有助于提高水的扩散输送能力，树脂吸湿量增加，同时，因羧酸钠的离解能力强于羧酸基团，羧酸钠的增加有利于分子链的舒展，提高水的输送效率，吸湿量也有所增加；当中和度超过 70%时，树脂吸湿量下降，可能是因为聚合物中离子强度过高，相邻羧基阴离子间排斥力过大，限制了聚合物链的自由移动，树脂孔隙率降低，导致树脂吸湿量下降。

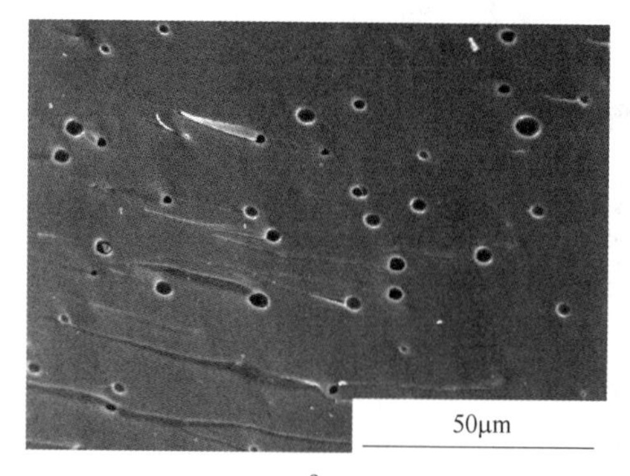


a

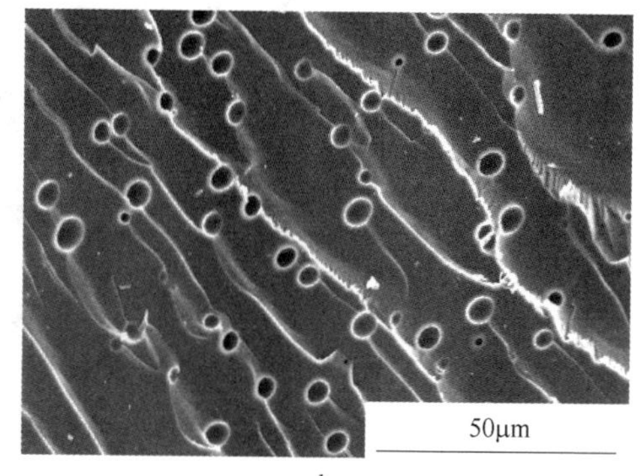


b

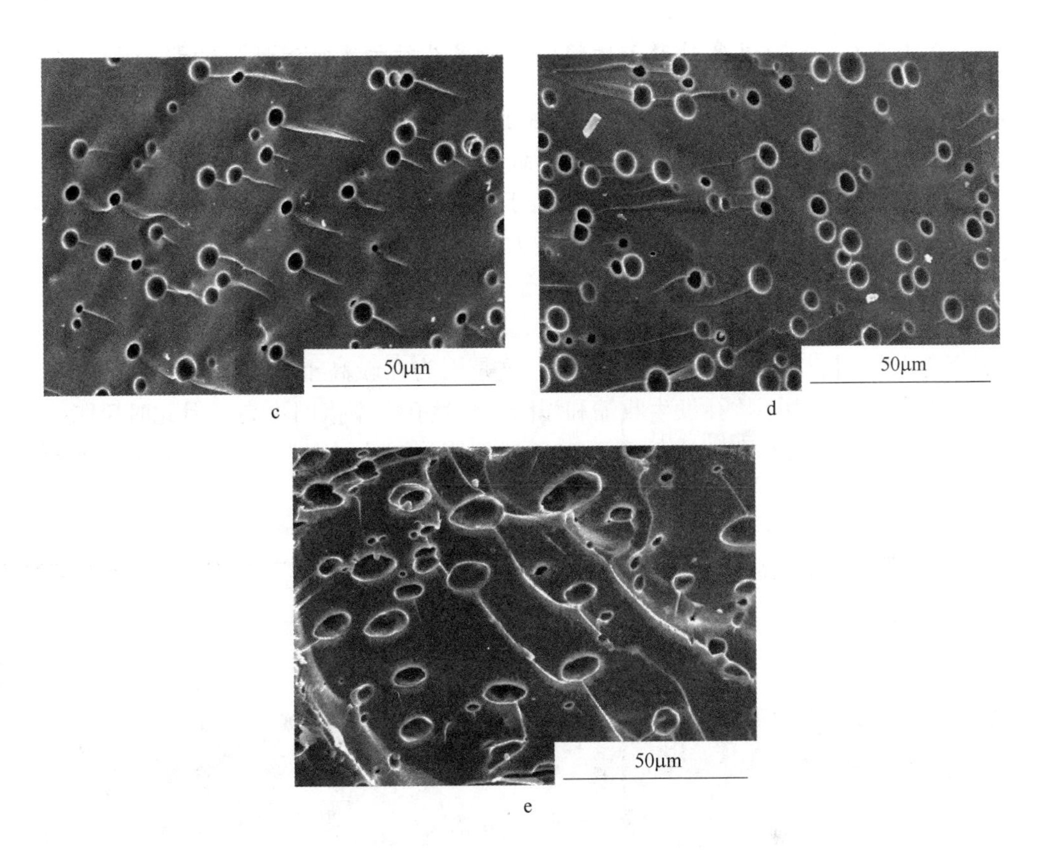


图 2-20 不同中和度制备多孔树脂 SEM 图

a—60%；b—65%；c—70%；d—75%；e—80%

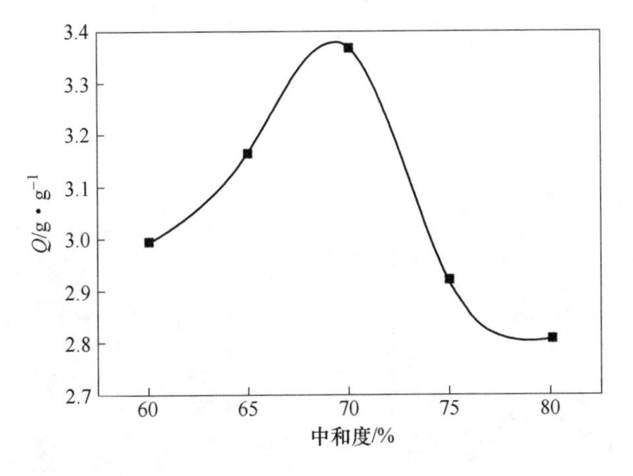


图 2-21 中和度对树脂吸湿性能影响

### 2.4.2.6　干燥温度对聚丙烯酸钠树脂多孔结构及吸湿性能的影响

图 2-22、图 2-23 分别为干燥温度对树脂多孔结构影响的 SEM 图与吸湿变化曲线图，其中干燥温度的范围是根据致孔剂沸点设定的。由图 2-22 可知，当升高温度，树脂孔径变大，这可能是由于异丙醇沸点为 82℃，当干燥温度高于沸点时，异丙醇迅速挥发，树脂孔径增大，其孔隙率降低，水的输送通道减少，树脂吸湿量下降；继续升高温度时，由于孔出现了不同程度的收缩，使得树脂中含有大孔和小孔结构，孔径分布不均，孔隙率进一步降低，树脂吸湿量下降；当温度为 92℃时，树脂吸湿量有所增加，这是因为在较高干燥温度下，树脂收缩程度增大，因应力不均孔发生收缩和塌陷，虽然孔隙率依旧不高，但此时树脂收缩程度较大，形成小孔的比例高于 90℃时树脂形成小孔的比例，在小孔毛细凝聚作用下树脂吸湿量略有增加。

根据扫描电镜及吸湿结果可知，树脂在干燥温度为 92℃时树脂吸湿量有所增加，为研究当温度继续升高时树脂的孔结构变化，试验重新制备了多孔聚丙烯酸钠树脂并置于 100℃、110℃温度下干燥，观察其表面形貌如图 2-24 所示。

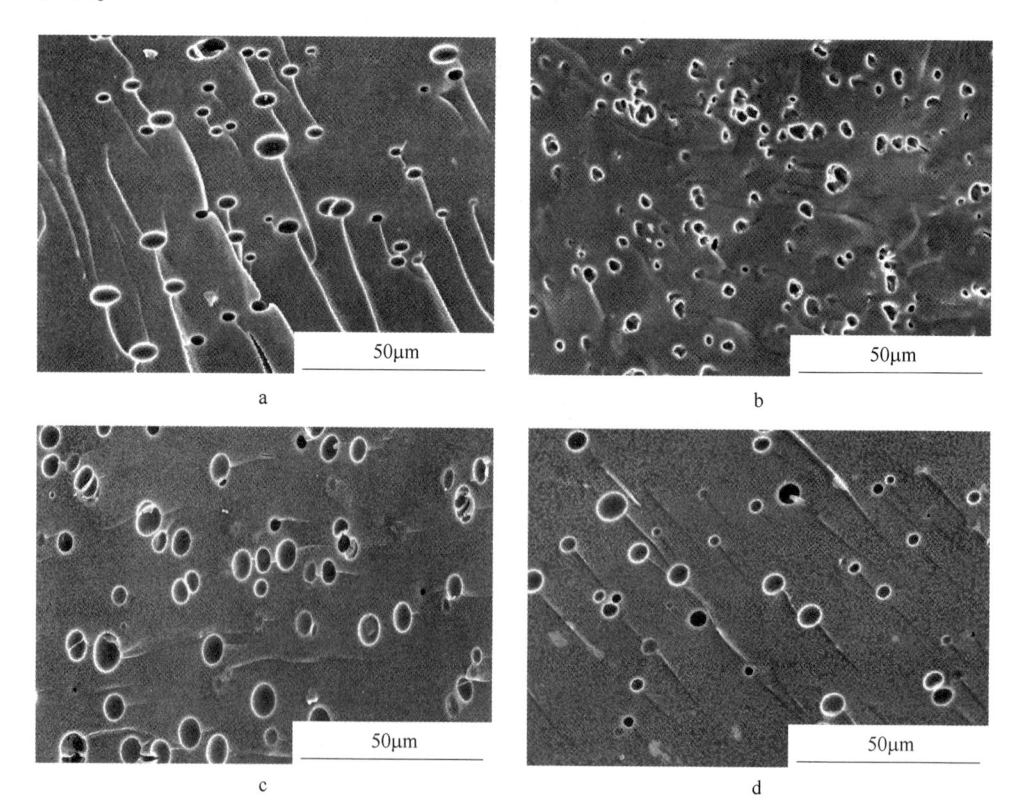

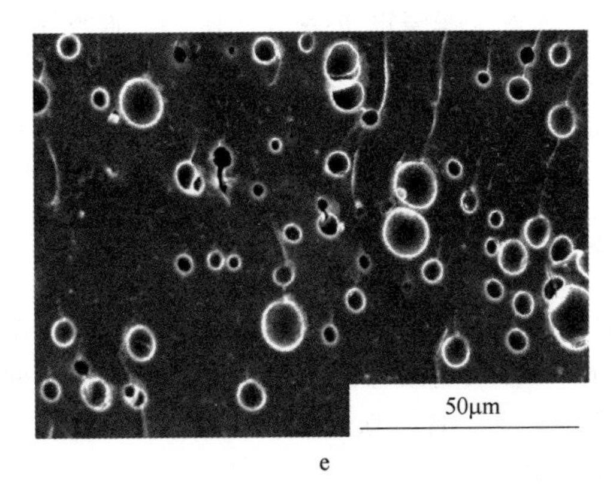


图 2-22 不同干燥温度制备多孔树脂 SEM 图
a—78℃；b—82℃；c—86℃；d—90℃；e—94℃

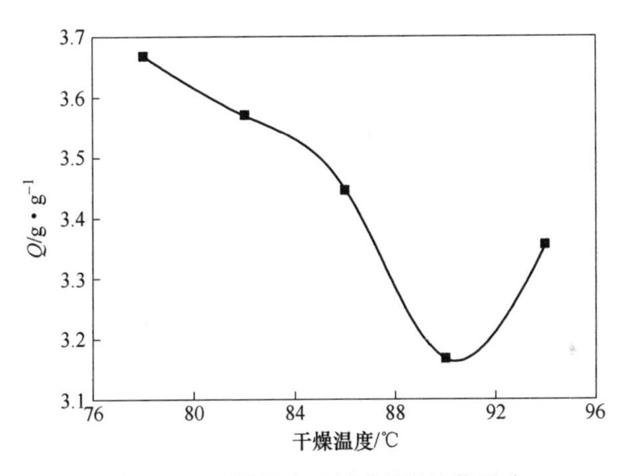


图 2-23 干燥温度对树脂吸湿性能影响

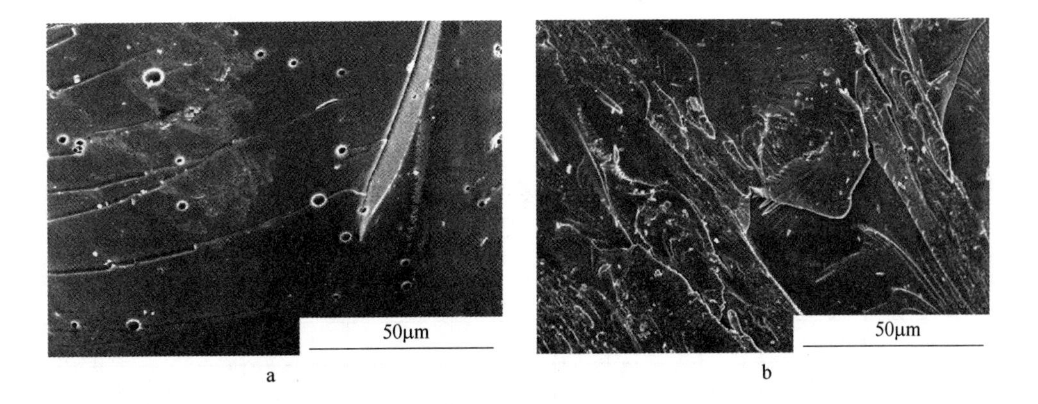


图 2-24 高温干燥下多孔树脂 SEM 图
a—100℃；b—110℃

由图 2-24 可知，随着干燥温度进一步升高，树脂收缩塌陷程度极高，树脂孔隙率急剧降低，孔径变小，甚至出现无孔结构，此时的聚丙烯酸钠树脂与纯树脂在结构上没有多大差别，研究无孔结构对树脂吸湿性能影响的意义不大，因此不再测定其吸湿量。

### 2.4.3　正交试验设计及结果分析

通过对上述 6 个主要影响因素的分析，基本了解了制备工艺对树脂孔结构与吸湿性能的影响。为进一步确定最佳制备工艺，试验采用正交试验法设计试验工艺，并测定树脂在 $T$=25℃、RH=100%、历时 700h 的吸湿量，分析得到具有高吸湿性能的最佳试验配方。

试验选用 $L_{25}(5^6)$ 表设计试验：A(单体浓度,%)、B(引发剂用量,%)、C(致孔剂用量,%)、D(交联剂用量,%)、E(中和度,%)、F(干燥温度,℃)，正交试验表头设计见表 2-10，正交试验测定结果与极差分析分别见表2-11、表 2-12。

**表 2-10　试验因素和水平**

| 试验水平 | 工艺因素 | | | | | |
|---|---|---|---|---|---|---|
| | A | B | C | D | E | F |
| 1 | 15 | 0.2 | 10 | 0.10 | 60 | 70 |
| 2 | 20 | 0.25 | 15 | 0.12 | 65 | 82 |
| 3 | 25 | 0.3 | 20 | 0.15 | 70 | 86 |
| 4 | 30 | 0.35 | 25 | 0.18 | 75 | 90 |
| 5 | 35 | 0.4 | 30 | 0.21 | 80 | 94 |

**表 2-11　正交试验测试结果**

| 序号 | A | B | C | D | E | F | 吸湿量 $Q$/g · g$^{-1}$ |
|---|---|---|---|---|---|---|---|
| 1 | 1 | 1 | 1 | 1 | 1 | 1 | 3.8608 |
| 2 | 1 | 2 | 2 | 2 | 2 | 2 | 3.7927 |
| 3 | 1 | 3 | 3 | 3 | 3 | 3 | 3.2835 |
| 4 | 1 | 4 | 4 | 4 | 4 | 4 | 3.326 |
| 5 | 1 | 5 | 5 | 5 | 5 | 5 | 3.3571 |
| 6 | 2 | 1 | 2 | 3 | 4 | 5 | 3.7492 |
| 7 | 2 | 2 | 3 | 4 | 5 | 1 | 3.6394 |
| 8 | 2 | 3 | 4 | 5 | 1 | 2 | 3.7888 |
| 9 | 2 | 4 | 5 | 1 | 2 | 3 | 3.7745 |

续表 2-11

| 序号 | A | B | C | D | E | F | 吸湿量 $Q/g \cdot g^{-1}$ |
|---|---|---|---|---|---|---|---|
| 10 | 2 | 5 | 1 | 2 | 3 | 4 | 3. 6695 |
| 11 | 3 | 1 | 3 | 5 | 2 | 4 | 3. 4948 |
| 12 | 3 | 2 | 4 | 1 | 3 | 5 | 3. 5942 |
| 13 | 3 | 3 | 5 | 2 | 4 | 1 | 3. 4714 |
| 14 | 3 | 4 | 1 | 3 | 5 | 2 | 3. 748 |
| 15 | 3 | 5 | 2 | 4 | 1 | 3 | 3. 6445 |
| 16 | 4 | 1 | 4 | 2 | 5 | 3 | 3. 3143 |
| 17 | 4 | 2 | 5 | 3 | 1 | 4 | 3. 4533 |
| 18 | 4 | 3 | 1 | 4 | 2 | 5 | 3. 665 |
| 19 | 4 | 4 | 2 | 5 | 3 | 1 | 3. 7359 |
| 20 | 4 | 5 | 3 | 1 | 4 | 2 | 3. 4084 |
| 21 | 5 | 1 | 5 | 4 | 3 | 2 | 3. 9532 |
| 22 | 5 | 2 | 1 | 5 | 4 | 3 | 4. 0639 |
| 23 | 5 | 3 | 2 | 1 | 5 | 4 | 3. 4003 |
| 24 | 5 | 4 | 3 | 2 | 1 | 5 | 3. 3818 |
| 25 | 5 | 5 | 4 | 3 | 2 | 1 | 3. 538 |

**表 2-12 各因素对吸湿性能评价指标的影响**

| 因素 | 吸湿量 | | | | | |
|---|---|---|---|---|---|---|
| | K1 | K2 | K3 | K4 | K5 | 极差 $R$ |
| A | 3. 524 | 3. 7243 | 3. 5906 | 3. 5154 | 3. 6674 | 0. 2089 |
| B | 3. 6745 | 3. 7087 | 3. 5218 | 3. 5932 | 3. 5235 | 0. 1869 |
| C | 3. 8014 | 3. 6645 | 3. 4416 | 3. 5123 | 3. 6019 | 0. 3598 |
| D | 3. 6076 | 3. 526 | 3. 5544 | 3. 6456 | 3. 6881 | 0. 1621 |
| E | 3. 6258 | 3. 653 | 3. 6473 | 3. 6038 | 3. 4918 | 0. 1612 |
| F | 3. 6491 | 3. 7382 | 3. 6161 | 3. 4688 | 3. 5495 | 0. 2692 |

由表 2-12 极差分析结果可知，各因素对树脂吸湿量的影响顺序依次为 C(致孔剂)>F(干燥温度)>A(单体浓度)>B(引发剂)>D(交联剂)>E(中和度)，致孔剂用量、干燥温度、单体浓度是影响树脂吸湿性能的主要因素，其中干燥温度与致孔剂的沸点紧密相关，致孔剂用量与干燥温度对树脂吸湿性能的影响实质上是致孔剂自身性质对树脂吸湿性能的影响，说明树脂吸湿性能主要受致孔剂与单体浓度影响，这与 2. 3 节的试验分析结果相吻合。致孔剂影响树脂多孔结构的形

成，结构决定性质，由此可知致孔剂对树脂吸湿性能影响的实质是孔结构对树脂吸湿性能的影响，再次说明多孔结构对提高树脂吸湿性能具有重要意义。根据分析得到了最佳试验工艺参数为 $C_1F_2A_2B_2D_5E_2$，即制备具有高吸湿性能聚丙烯酸钠树脂的最优工艺：异丙醇致孔剂含量为 10%、干燥温度为 82℃、单体浓度为 20%、引发剂含量为 0.25%、交联剂含量为 0.21%、中和度为 65%。按照此工艺制备多孔聚丙烯酸钠树脂并测定其 700h 时吸湿量为 4.2783g/g，这比正交试验条件下的 25 组吸湿数据都大，与极差结果分析一致。

根据 2.3 节试验分析可知，柱形孔结构、高孔隙率有利于提高树脂吸湿性能，结合本节正交分析和单因素分析，致孔剂的性质与单体浓度对树脂吸湿性能影响较大，其本质是致孔剂的性质与单体浓度对树脂孔隙率及孔径分布影响较大，进而影响树脂的吸湿性能。因此，要制备出高孔隙率、孔径分布均匀的柱形孔结构，实现对树脂多孔结构的控制，这就需要选择恰当的致孔剂和单体浓度。首先根据聚丙烯酸钠体系致孔剂的 4 条选择原则找到适宜致孔剂；为防止树脂孔径最大化，孔发生闭合，致孔剂用量不宜过高，应控制在 10%~25%；同时，为了防止因干燥温度过高，致孔剂迅速挥发，孔发生收缩和塌陷，应根据致孔剂沸点选择适宜干燥温度；最后，单体浓度不宜过低，应维持在 20%~30%。

前期研究测定了纯聚丙烯酸钠、不同比例的聚丙烯酸钠与氯化钙吸湿助剂共混物的吸湿性，将该结果与正交试验中多孔树脂吸湿性能的测定结果进行比较，结果如图 2-25 所示。根据图 2-25 可知具有多孔结构的聚丙烯酸钠树脂吸湿量明显高于其他两种吸湿材料的吸湿量，且多孔聚丙烯酸钠树脂吸湿增幅较大，再次说明多孔结构可显著提高树脂吸湿性能。

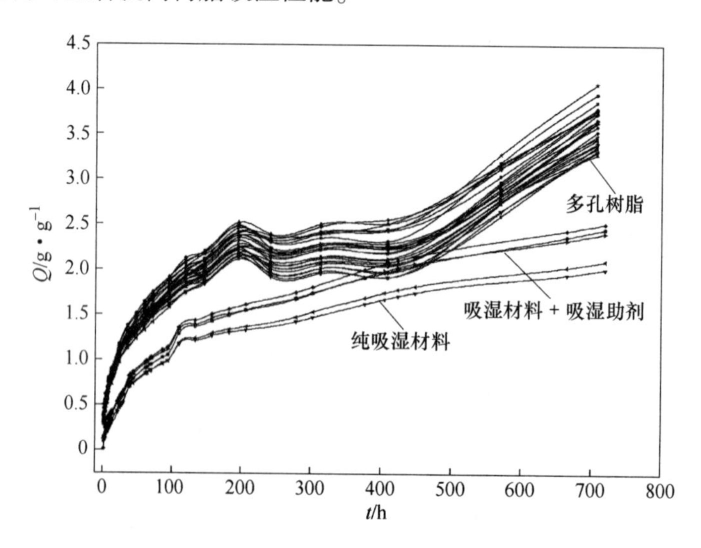


图 2-25　材料吸湿曲线

### 2.4.4 热重分析

试验测定了以异丙醇为致孔剂制备的聚丙烯酸钠树脂在干燥状态，吸湿2.5h、5h、24h、3d、10d以及在干燥环境中自发放湿后的TG曲线，并对温度求导得到DTG曲线，如图2-26所示。由图可以看出树脂失重变化同此前热分析的温度变化范围大致是相同的，包括三个质量损耗区，分别是水的蒸发失重、部分聚合单体与低聚物分解失重、树脂分解失重。

现主要分析第一个质量损耗区的热失重曲线，研究树脂与水的结合状态变化，简要阐明树脂吸湿过程。由图2-26a的TG曲线可知，在300℃范围内存在一定失重，是由样品未干燥彻底残留少量水引起的；在吸湿2.5h后，自由水和结合水含量大幅度增加，两种水的含量相当；随着吸湿时间的增加，树脂中自由水含量的增加幅度高于结合水的增加幅度，使得自由水含量在总含水量中所占比

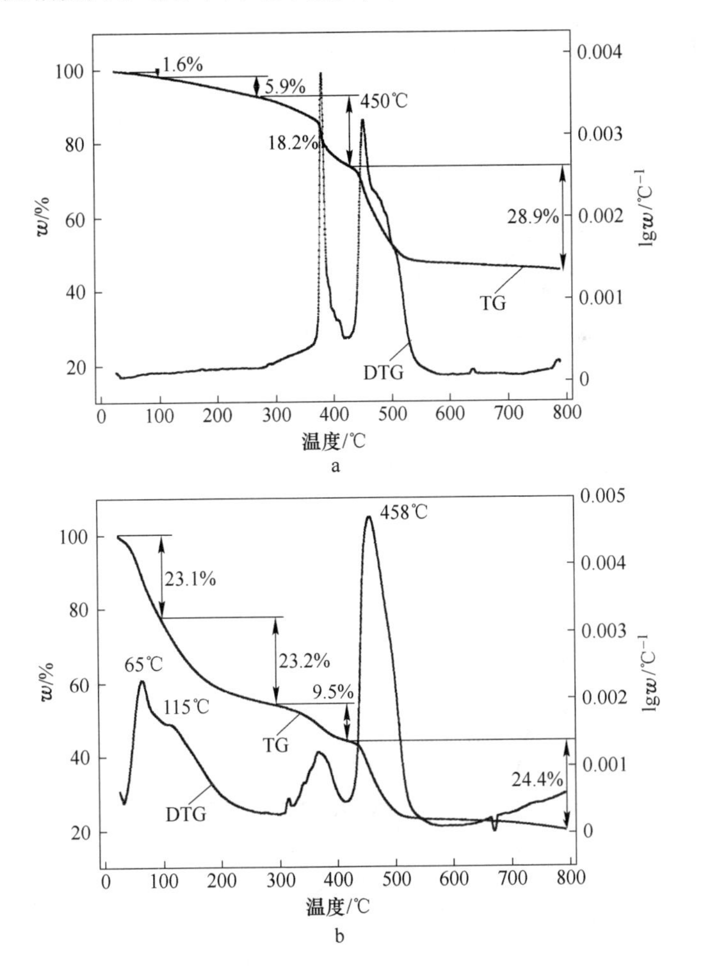

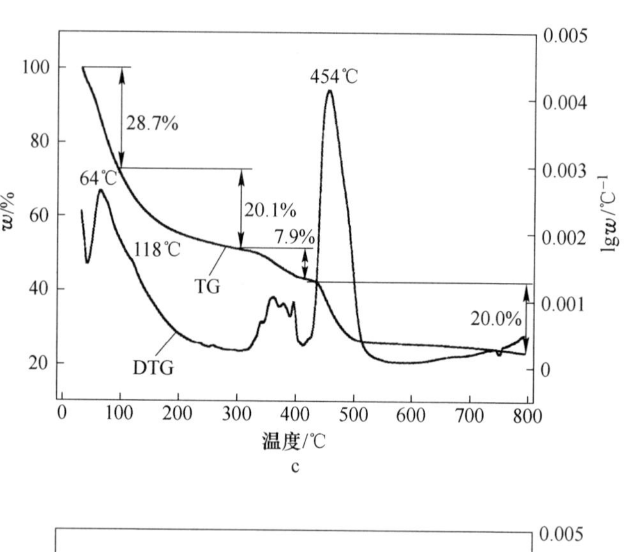

454℃
28.7%
64℃
20.1%
118℃
7.9%
TG
20.0%
DTG
w/%
lgw/℃⁻¹
温度/℃

c

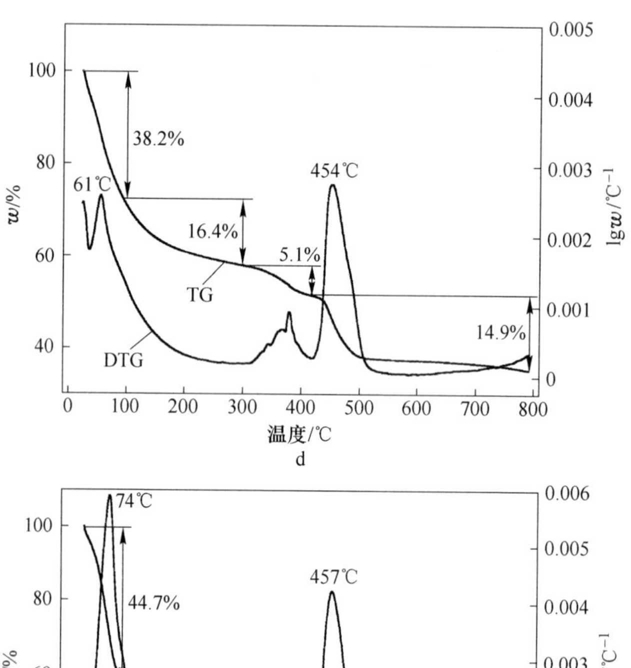

38.2%
454℃
61℃
16.4%
5.1%
TG
14.9%
DTG
w/%
lgw/℃⁻¹
温度/℃

d

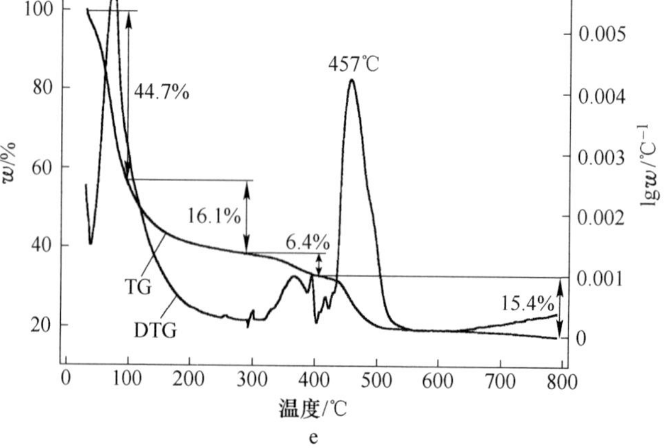

74℃
44.7%
457℃
16.1%
6.4%
TG
15.4%
DTG
w/%
lgw/℃⁻¹
温度/℃

e

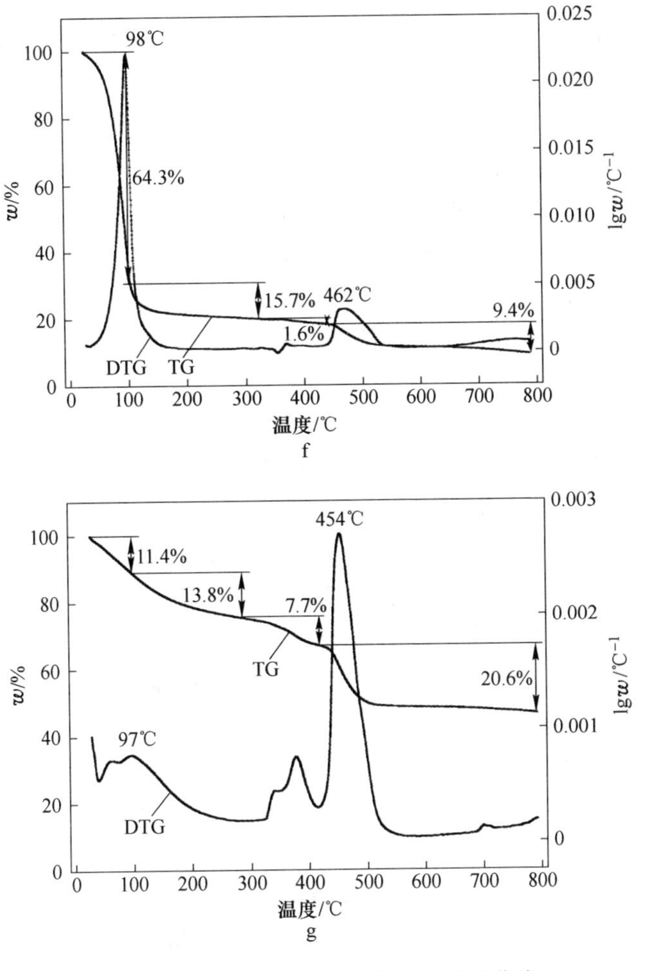


图 2-26 不同吸湿时间下树脂的热重曲线

a—干燥树脂；b—吸湿 2.5h；c—吸湿 5h；d—吸湿 24h；

e—吸湿 3d；f—吸湿 10d；g—自发放湿

例增加，结合水所占比重相应减少，当吸湿时间达 10d 时，自由水含量几乎是结合水含量的 4 倍，说明树脂在吸湿过程中自由水是主要存在方式；将大量吸湿后的树脂置于干燥环境中自发放湿，当树脂表面呈现干燥状态时测定其 TG 曲线如图 2-26g 所示，自由水含量急剧减少，结合水降幅较低，说明树脂在自发放湿过程中，自由水首先被失去，表明自由水与基体的结合力较弱。

其中图 2-26b、c 的 DTG 曲线在第一失重区的 110℃ 附近出现拐点，根据 2.3.6 节的分析可知，由于吸湿时间较短，树脂中的冻结合水挥发使得树脂在 110℃ 附近失重率突然上升，失重速率曲线表现为低宽峰；随着吸湿时间增加，失重速率峰出现了由低宽峰向尖锐峰的过渡，如图 2-26d~f 所示，这是因为在经历较长吸湿时间后，树脂中自由水含量远高于结合水含量，在升温过程中大量自由水急剧挥发，其失重峰掩盖了结合水的失重峰，整体表现为尖锐峰。

根据三态水含量变化可以推测树脂吸湿过程为：当吸湿时间较短时，在物理吸附与化学吸附双重作用下水在树脂中同时形成自由水和结合水，因物理吸附具有无选择性、低活化能等特点，吸附容易进行，使得自由水含量增幅较大；吸湿一段时间后，树脂表面吸附的水蒸气凝聚成液态水，借助树脂中多孔通道扩散至内部，树脂吸湿量进一步增加；树脂在液态水的作用下发生电离，渗透压提高，扩散动力增大，促进水的吸收，吸湿量提高。

### 2.4.5　小结

详细研究了制备工艺对树脂孔结构与吸湿性能的影响，并通过正交分析得到具有最佳吸湿性能的制备工艺，主要内容有：

（1）采用单因素变量法研究了单体浓度、引发剂、致孔剂、交联剂、中和度以及干燥温度等因素对树脂孔结构的形成及吸湿性能的影响。

（2）通过正交试验分析了影响树脂吸湿性能因素的主次关系，依次为致孔剂>干燥温度>单体浓度>引发剂>交联剂>中和度，结果表明致孔剂性质与单体浓度对树脂吸湿性能影响较大。通过正交分析得到了具有最佳吸湿性能的工艺配方，即异丙醇致孔剂含量为10%、干燥温度为82℃、单体浓度为20%、引发剂含量为0.25%、交联剂含量为0.21%、中和度为65%，此时树脂吸湿量为4.2783g/g。经分析，树脂成孔性能主要受致孔剂性质和单体浓度的影响，进而对树脂吸湿性能产生影响。所以，为提高树脂吸湿性能，首先要根据聚丙烯酸钠体系致孔剂的选择原则找到适宜致孔剂，制备柱形孔结构；其次为防止孔收缩塌陷，要根据所选致孔剂的沸点选择适宜干燥温度；最后，为得到具有较高孔隙率和均匀孔径分布的多孔结构，应控制好致孔剂用量和单体浓度大小，致孔剂用量宜控制在10%~25%范围内，不宜过高，单体浓度宜控制在20%~30%范围内，不宜过低。

（3）测定了树脂在不同吸湿时间下的热失重曲线，分析了树脂在吸湿过程中水的结合状态。结果表明，在吸湿初期，树脂中自由水和结合水含量同时增加，随着吸湿时间的增加，自由水量的增幅远高于结合水量，在DTG曲线上表现为水的失重速率峰由低宽峰向尖锐峰过渡，自发放湿状态后树脂的失重曲线表明与树脂基体结合最弱的自由水最先被失去。

综上所述，致孔剂性质和单体浓度对树脂成孔性和吸湿性能的影响最大，表明通过选择适宜致孔剂和单体浓度，可实现对树脂多孔结构的控制，提高树脂吸湿性能。

## 2.5 多孔聚丙烯酸钠树脂吸湿热力学与动力学研究

### 2.5.1 引言

吸附热力学研究的是材料吸附过程所能到达的程度，通过对吸附热力学的分析，有助于了解吸附性质及固体表面性质。吸附等温线研究的是在恒定温度下材料吸附量与气体平衡压力的关系，通过建立相关吸附模型研究材料吸附作用机理。吸附动力学研究的是材料吸附量随时间的变化关系，得到材料吸附速率大小，通过对其动力学过程的分析，揭露材料吸附性能与其结构的关系。因此，为了研究多孔聚丙烯酸钠树脂吸湿机理，本章将从吸湿热力学、吸附等温模型的建立、吸湿动力学三个方面进行系统的理论分析，主要通过测定树脂在各温度下的吸湿量，算出吸湿热力学参数，研究树脂吸湿所能到达的程度，分析树脂吸湿过程的自发性；测定树脂在不同湿度下的吸湿量得到其吸附等温线，建立其吸附等温模型，确定树脂的吸附类型；测定树脂在不同吸湿时间下的吸湿量，采用吸附动力学理论分析得到树脂吸湿速率，并以此作为评价树脂吸湿性能的一个指标，用于判断树脂品质。期望通过对上述三个方面的分析，为改善树脂吸湿性能提供理论依据，也为充分发挥树脂在吸湿领域的实际应用提供理论指导。

本章试验样品均是随机抽取前两章异丙醇试验组的样品，其对应关系如表2-13所示。

**表 2-13 试验数据对应关系列表**

| 样品编号 | 样品来源 | 样品编号 | 样品来源 |
|---|---|---|---|
| A | 2.4 节单因素试验引发剂用量为 0.35% | F | 2.3 节异丙醇试验组 7 |
| B | 2.4 节单因素试验中和度为 70% | G | 2.4 节单因素试验干燥温度为 82℃ |
| C | 2.4 节单因素试验交联剂用量为 0.15% | H | 2.4 节单因素试验单体浓度为 30% |
| D | 2.3 节异丙醇试验组 9 | M | 2.4 节单因素试验致孔剂用量为 25% |
| E | 2.3 节异丙醇试验组 1 | | |

### 2.5.2 多孔聚丙烯酸钠树脂吸湿热力学研究

树脂吸湿过程吉布斯自由能变化 $\Delta G$、焓变 $\Delta H$、熵变 $\Delta S$ 等热力学参数的计算推导如下：

$$\Delta G = -RT\ln K \tag{2-2}$$

$$\Delta G = \Delta H - T\Delta S \tag{2-3}$$

式中，$K$ 为吸附平衡常数，其表达式为

$$K = \frac{q_e}{C} \tag{2-4}$$

式中，$q_e$ 为饱和吸湿量，g/g；$C$ 为环境中水含量，g/m$^3$，根据吸湿环境条件，通过查询焓湿图，可得到环境中水的含量 $C$，将式 2-4 代入式 2-2、式 2-3 可得：

$$\lg \frac{q_e}{C} = \frac{\Delta S}{2.303R} - \frac{\Delta H}{2.303RT} \tag{2-5}$$

试验随机选取了样品 A、B、C，测定其在 RH = 80% 环境下，在 293.15K、298.15K、303.15K 时的饱和吸湿量，结果如表 2-14 所示，并以 $\lg(q_e/C)$ 对 $1/T$ 做图得图 2-27，再根据式 2-5、式 2-3 分别计算出 $\Delta G$、$\Delta H$、$\Delta S$，计算结果见表 2-15。

**表 2-14　不同温度下聚丙烯酸钠树脂饱和吸湿量（RH = 80%）**

| 样品 | 吸湿量/g·g$^{-1}$ | | |
|---|---|---|---|
| | 293.15K | 298.15K | 303.15K |
| A | 0.8648 | 0.8488 | 0.7282 |
| B | 0.8175 | 0.6956 | 0.6753 |
| C | 0.8305 | 0.7272 | 0.6904 |

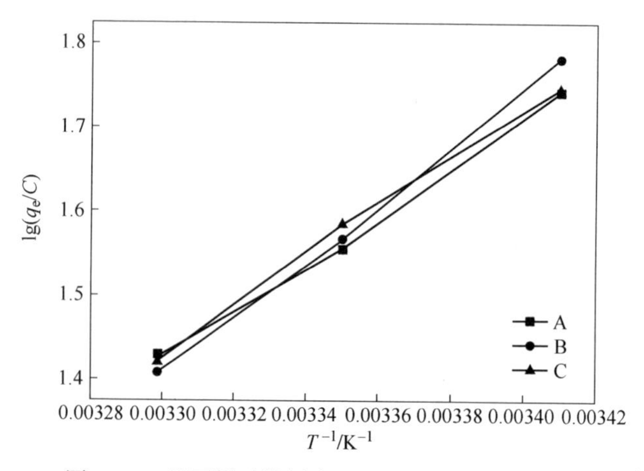


图 2-27　聚丙烯酸钠树脂吸湿 $\lg(q_e/C)/T$ 曲线图

**表 2-15　聚丙烯酸钠树脂吸湿热力学参数**

| 样品 | $\Delta H$/kJ·mol$^{-1}$ | $\Delta S$/kJ·mol$^{-1}$ | $\Delta G$/kJ·mol$^{-1}$ | | |
|---|---|---|---|---|---|
| | | | 293.15K | 298.15K | 303.15K |
| A | −56.1568 | −0.1581 | −9.8098 | −9.0193 | −8.2288 |
| B | −58.1020 | −0.1655 | −9.55857 | −8.7582 | −7.9307 |
| C | −57.5008 | −0.1633 | −9.6294 | −8.8129 | −7.9964 |

已知物理吸附焓变一般在 16～40kJ/mol 范围内，化学吸附焓变一般在 84～

168kJ/mol 范围内，根据表 2-15 可知聚丙烯酸钠树脂吸湿焓变介于 40~80kJ/mol，说明树脂在吸湿过程同时存在着物理吸附和化学吸附。由表 2-15 可知，$\Delta H<0$，表明聚丙烯酸钠树脂吸湿过程为放热反应，降低温度有利于树脂吸湿。如表 2-14、表 2-15 所示，吸附量由大到小依次为 A>C>B，吸湿放热量由大到小依次为 B>C>A，即随着吸附量的增加，放热量减小，其原因是吸附质分子最先吸附在固体表面最活泼的位置，放热量较大，随着吸附过程的进行，固体表面覆盖度不断增加，固体表面的活泼中心逐渐被占据，吸附偏向不活泼位置，因不活泼位点的吸附活化能较大，相应地放热量较少。$\Delta S<0$，这是因为水蒸气分子吸附于树脂并凝结成液滴，从三维空间转至二维平面，水分子平动受限，熵减小。$\Delta G<0$，表明了聚丙烯酸钠树脂的吸湿过程为自发过程。

综上分析可知，树脂吸湿过程是自发进行的，说明在控湿包装中加入聚丙烯酸钠树脂即可直接进行吸湿过程，达到降湿目的。同时，吸湿热力学结果为下面对树脂吸附等温线与吸湿动力学过程研究工作的顺利开展提供理论依据。

### 2.5.3 多孔聚丙烯酸钠树脂等温吸附

#### 2.5.3.1 吸附等温线

固体表面的分子因表面缺陷的存在会对周围介质有吸引作用，进而发生物理或化学吸附。从热力学角度解释，这是因固体表面分子受力不平衡，存在过剩表面自由能，固体表面分子通过吸引气体分子使之在表面聚集以降低固体表面自由能。

固体对气体的吸附量是通过建立吸附量、温度、压力三者之间的函数关系来确定的，当固定三个因素中的一个因素得到另两个因素的变化曲线称之为吸附曲线，包括吸附等压线、吸附等量线、吸附等温线，其中，吸附等温线是三种曲线中最重要的。Brunauer 等人根据对大量气体吸附等温线试验结果的分析，将其划分为五种基本类型，如图 2-28 所示。

Ⅰ型又称 L 形吸附等温线，代表固体表面进行的是单分子层吸附，在相对压力较低时吸湿量迅速增加，然后趋于平衡达到饱和，常见于具有微孔结构的多孔固体吸附。Ⅱ~Ⅴ型是材料发生多分子层吸附或毛细凝聚作用的结果，其中Ⅱ型和Ⅲ型在相对压力趋于 1 时吸附量急剧增加，一般难以准确测定其平衡吸附值，这两种类型常见于非孔性或较大孔径的吸附材料；对于多孔材料的非微孔吸附，其吸附等温线为Ⅳ、Ⅴ型，在相对压力趋于 1 时，材料吸附量接近某一极限值，此极限值是吸附材料中的孔完全被吸附质填充所需的量。研究不同相对压力段下吸附等温线的形状变化或吸附量的变化走向可以获取吸附质、吸附剂以及两者相互作用等相关信息。

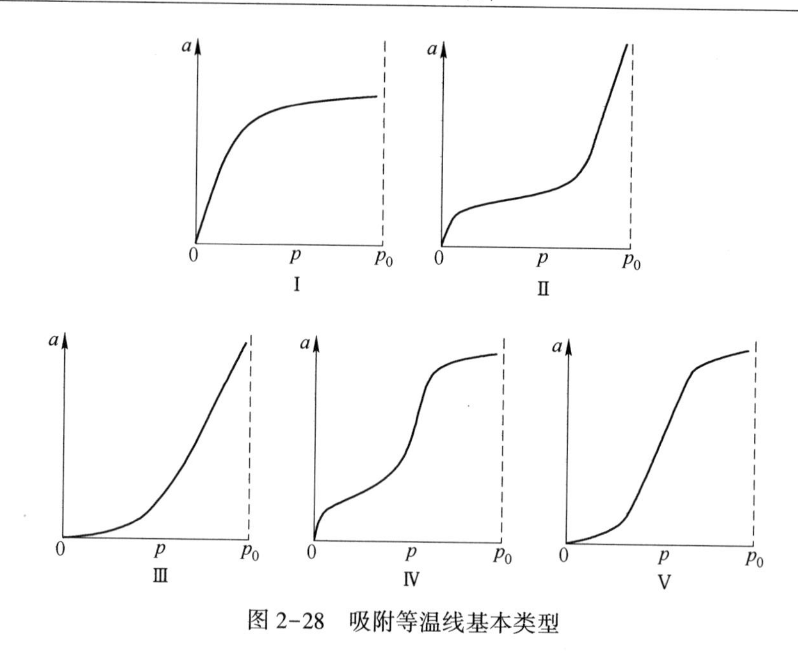


图 2-28　吸附等温线基本类型

#### 2.5.3.2　等温吸附模型与吸附等温式

A　物理吸附

气体在固体表面的吸附理论以物理吸附理论研究最多，科学家们综合不同类型的吸附等温线并结合大量试验研究结果建立了相关理论模型，主要有四类。

（1）二维吸附膜模型。此模型是将气体在固体表面上的状态简化为二维吸附膜模型，并从降低固-气界面能的角度出发，研究单位表面吸附量与平衡压力之间的关系。此模型假设表面吸附势能阱较浅，当气体分子有足够大的动能时，它可以脱离吸附剂势能阱的束缚，在其表面做二维平动。将 Gibbs 吸附公式与二维气体状态方程结合可以导出一系列吸附等温式，主要包括 Henry 定律、Volmer 方程、Hill-de Boer 方程以及 Harkins-Jura 方程。但此模型忽略了分子间的相互作用，只有当表面覆盖度很低的时候才适用。

（2）Langmuir 单分子层吸附模型。此模型是基于四个假设建立起来的模型，即假设气体在固体表面只发生了单分子层吸附、固体表面均匀、吸附剂与气体之间不存在着相互作用、吸附过程是动态平衡过程，此模型与二维吸附膜模型的假设相反，它假定固体表面吸附势能阱较深，气体分子的动能无法摆脱其束缚发生移动。由动力学模型导出其吸附等温式为

$$\frac{p}{a}=\frac{1}{a_{\mathrm{m}}b}+\frac{p}{a_{\mathrm{m}}} \tag{2-6}$$

式中，$a$ 为吸附量；$a_{\mathrm{m}}$ 为单层饱和吸附量；$b$ 为吸附常数。根据 $p/a$ 对 $p$ 做图得到的直线的斜率与截距，算出 $a_{\mathrm{m}}$ 和 $b$。

（3）BET 多分子层吸附模型。此模型是对单分子层吸附模型的扩展和补充，它假定吸附为多层吸附，并且各相邻层的吸附存在动态平衡，但第一层与以后各层吸附热不同，只有直接暴露于吸附材料的气相表面上才会发生吸附。其吸附等温式以二常数公式为最常见公式，其线性表达式为

$$\frac{p}{V(p_0 - p)} = \frac{1}{V_m C} + \frac{C - 1}{V_m C} \times \frac{p}{p_0} \tag{2-7}$$

式中，$V$ 为吸附平衡时的吸附量；$V_m$ 为单层饱和吸附量；$C$ 为与净吸附热和温度有关的常数。根据等号左项式对 $p/p_0$ 做图得到的直线的斜率与截距求出 $V_m$ 与 $C$。此公式可解释第Ⅰ、Ⅱ型等温线，但是一般只有 $p/p_0$ 在 0.05~0.35 范围内的吸附才适用，若超出此压力区间，误差较大。

（4）Polanyi 吸附势能理论。此模型认为固体表面有吸附势能场，可吸引气体分子进而发生吸附现象。不同孔结构类型其吸附等温式不同，主要有以下两种吸附等温式：

1）当材料中含有微孔（孔径<2nm）时，其吸附特性曲线方程的线性表达式为

$$\ln a = \ln \frac{V_0}{\overline{V}} - kR^2T^2\left(\ln \frac{p_0}{p}\right)^2 \tag{2-8}$$

式中，$a$ 为吸附量；$\overline{V}$ 为吸附质的摩尔体积；$V_0$ 为材料中微孔的孔体积；$k$ 为常数，由吸附剂及吸附质的性质决定。根据 $\ln a$ 对 $(\ln p_0/p)^2$ 做图得到的直线的斜率与截距算出 $k$ 和 $V_0$，此式称为 Dubinin-Radushkevich 公式。

2）当吸附剂结构中含有大量中孔（2nm<孔径<50nm）、大孔（孔径>50nm）时，其吸附关系式为

$$a = \frac{V_0}{\overline{V}}\left(\frac{p}{p_0}\right)^{AT/\beta} = kp^{1/n} \tag{2-9}$$

式中，$a$ 为吸附量，$A = 2.3mR$；$\beta$ 为亲和系数；$n$ 和 $k$ 为两个经验常数，$n$ 反映的是压力对吸附量影响的强弱，$k$ 可看作是单位压力时吸附剂的吸附量，随着温度的升高，$k$ 一般降低。此式称之为 Freundlich 等温式，其形式比较简单、计算方便，应用极为广泛。

B 化学吸附

化学吸附被看作是固体和气体在界面处发生的化学反应，其吸附作用力是强化学键力，吸附选择性高，其吸附等温式主要有以下三种：

（1）Langmuir 等温式。此等温式假定吸附热与覆盖度无关，其表达式为

$$\theta = \frac{V}{V_m} = \frac{bp}{1 + bp} \tag{2-10}$$

式中，$\theta$ 为吸附剂表面覆盖度；$V$ 为吸附量；$V_m$ 为单层饱和吸附量；$b$ 为吸附

常数。

（2）Temkin 等温式。当吸附热随覆盖度 $\theta$ 的增加呈直线下降的变化趋势，且表面为中等覆盖度时，吸附过程一般满足 Temkin 等温式，其表达式为

$$\theta = \frac{1}{a}\ln Ap \tag{2-11}$$

式中，$\theta$ 为吸附剂表面覆盖度；$A$ 和 $a$ 为与温度、吸附体系性质有关的常数，以 $\theta$ 或吸附量 $V$ 对 $\ln p$ 做图可得一条直线，并计算出吸附常数。此式只适用于表面为中等覆盖度的情况。

（3）Freundlich 等温式。假定吸附热与覆盖度之间存在指数关系，推导出其表达式为

$$\theta = Ap^{1/n} \tag{2-12}$$

或

$$\lg V = \lg k + \frac{1}{n}\lg p \tag{2-13}$$

式中，$\theta$ 为吸附剂表面覆盖度；$A$ 为与吸附剂性质、温度有关的常数；$n$ 为与温度有关的常数；$k=V_m A$，$V_m$ 为单层饱和吸附量；$V$ 为吸附量。以 $\lg V$ 对 $\lg p$ 做图得到直线可计算出相关吸附常数。

C　聚丙烯酸钠树脂吸附等温式的选择

由于物理吸附与化学吸附难以独立进行，两者常同时发生或交替进行。聚丙烯酸钠树脂中含有大量亲水基团，必定会与水分子发生化学吸附，因此聚丙烯酸钠树脂的吸湿过程包含物理吸附和化学吸附，由上述分析的物理与化学吸附等温式可知，Langmuir 等温式与 Freundlich 等温式均可用于物理吸附与化学吸附，结合扫描电镜结果可知树脂含有大孔结构，因此试验选用 Freundlich 等温式进行研究。

式 2-9 是物理吸附中的 Freundlich 等温式，对其变形可得式 2-14：

$$\ln a = \ln k + \frac{1}{n}\ln p \tag{2-14}$$

将式 2-14 与式 2-13 进行比较可知，用于描述吸附剂物理吸附和化学吸附的 Freundlich 等温式具有相同的形式，在等式的左项式中 $a$ 、$V$ 均代表吸附剂的吸附量，两式中的 $n$ 与 $k$ 都是与温度有关的常数，反映的是吸附剂吸附量的变化关系，因此可将两式合并，在试验中采用一种表达式即可，本章试验主要采用式 2-13 进行计算。

#### 2.5.3.3　多孔聚丙烯酸钠树脂吸附等温线的测定及其分析

与其他固体对气体的吸附情况相似，当吸附质为水蒸气且温度不变时，吸湿量（$Q$，g/g）与空气相对湿度（RH,%）变化的关系曲线即为材料吸附等温线。

因此试验随机选取了异丙醇试验组 D、E、F 三组样品，测定它们在不同湿度下的饱和吸湿量，并做其吸附等温线如图 2-29 所示。

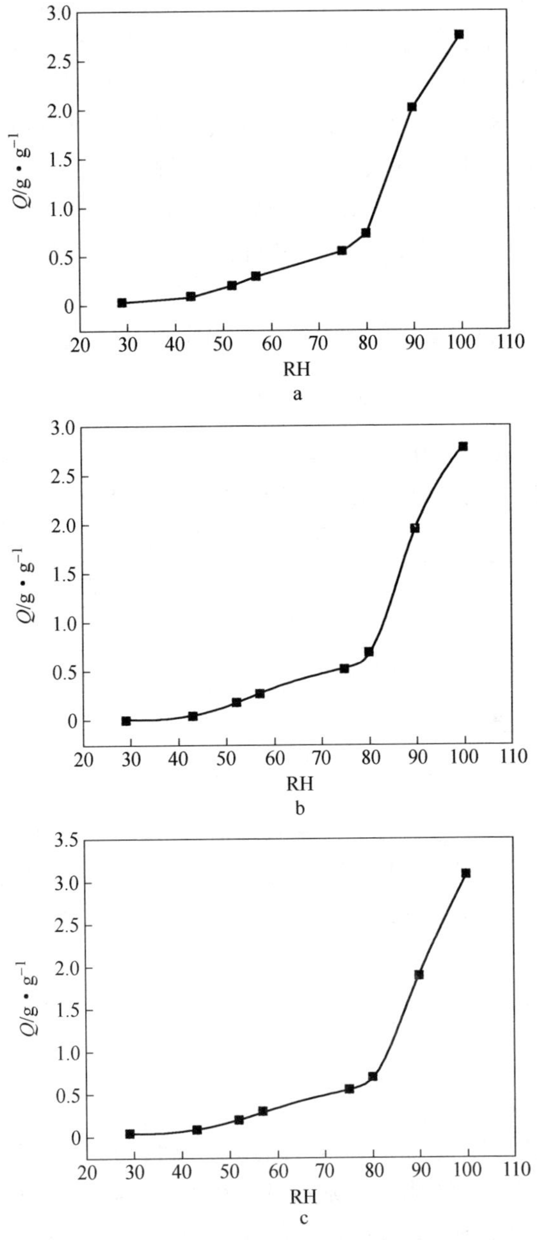


图 2-29 聚丙烯酸钠树脂吸附等温线

a—样品 D；b—样品 E；c—样品 F

由图 2-29 可以看出多孔聚丙烯酸钠树脂的平衡吸湿量随相对湿度的提高而

增加，参照五种基本吸附等温线发现聚丙烯酸钠树脂吸附等温线近似为Ⅲ型吸附曲线，结合扫描电镜观察到的多孔形貌，可以判断出其吸湿过程是多层、大孔吸附。由曲线变化走向可以看出，当相对湿度较低时，吸附等温线远离吸附量轴，表明水分子与聚丙烯酸钠树脂的表面作用较弱；在中等相对湿度区间，吸附量有较为明显增加，说明吸附开始转向多分子层吸附；在高相对湿度下，吸附量急剧增加，当 RH 接近 100%时，其吸附时间可能无限长，难于达到吸湿平衡状态。其中，样品 F 在高湿环境下的吸湿量明显高于样品 D、E，这是因三组样品的孔隙率及孔径分布不同，样品 F 的孔隙率高于样品 D、E，其成孔均匀，孔径集中分布在 5μm，由此可知样品 F 暴露在树脂表面的亲水基团更多，水输送通道较多，其吸湿量更高。

将聚丙烯酸钠树脂吸湿过程中所用变量 RH 与 $Q$ 代入式 2-13 可得式 2-15

$$\lg Q = \lg k + \frac{1}{n}\lg \mathrm{RH} \tag{2-15}$$

采用式 2-15 计算式利用 Origin 绘图软件对图 2-29 的试验数据进行回归分析，拟合得到曲线如图 2-30 所示，拟合结果见表 2-16。

**表 2-16 吸附等温式和相关系数**

| 样品 | Freundlich 吸附模型 | |
|---|---|---|
| | 吸附等温式 | $R^2$ |
| D | $Q=0.7069\mathrm{RH}^{1.7536}$ | 0.9637 |
| E | $Q=0.7964\mathrm{RH}^{2.0444}$ | 0.9745 |
| F | $Q=0.5735\mathrm{RH}^{1.7113}$ | 0.9608 |

根据表 2-16 吸附等温式与相关系数可知 $R^2$ 值均在 0.96 以上，聚丙烯酸钠树脂吸湿过程比较符合 Freundlich 等温式，此等温式说明了树脂中含有中孔或大孔结构，这与扫描电镜结果一致，同时该结果也说明了聚丙烯酸钠树脂吸湿过程包含物理吸附和化学吸附过程。

### 2.5.4 多孔聚丙烯酸钠树脂吸湿动力学研究

#### 2.5.4.1 多孔聚丙烯酸钠树脂吸湿速率

吸附虽是自发过程，但如果材料吸附速率过慢，其应用将会受限，因此研究吸附速率是十分必要的。吸附速率是指材料在单位时间内的吸附量，以时间和吸湿量做材料的吸湿曲线图，得到瞬时吸湿速率和平衡吸湿时间等相关信息。试验测得样品 D、E、F 在 25℃，相对湿度分别为 52%、80%、100%的吸湿曲线，如图 2-31 所示。

由图 2-31 可知，三组试验样品在各湿度下的吸湿曲线比较吻合，样品吸湿

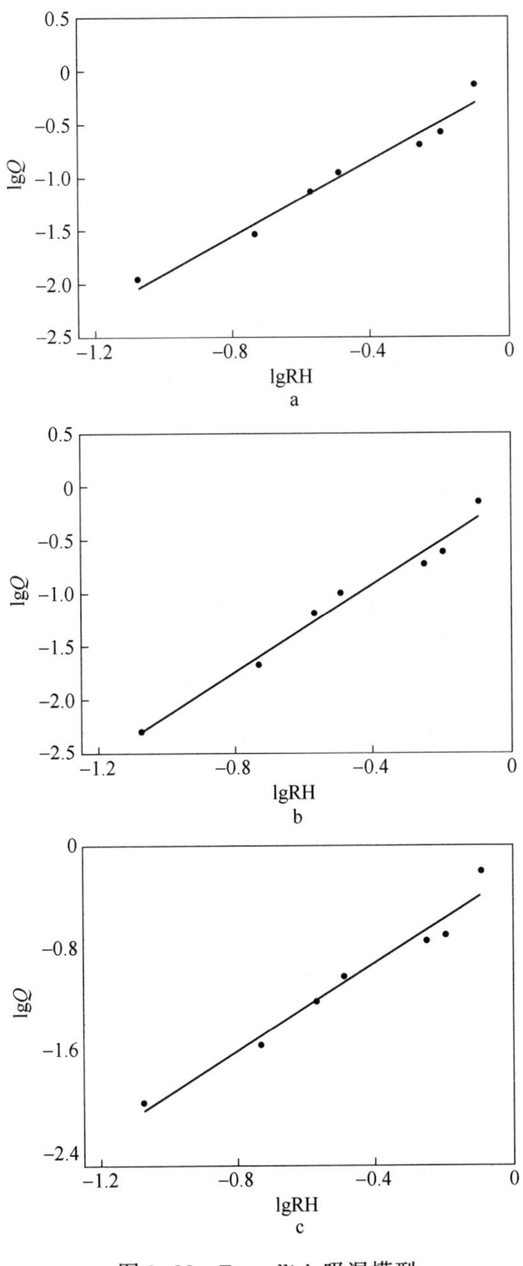


图 2-30 Freundlich 吸湿模型

a—样品 D；b—样品 E；c—样品 F

变化趋势也十分相似，在吸湿初期，树脂吸湿较快，吸湿速率较大，随着吸湿过程的推进，水分子被吸附在树脂表面凝聚成液态水，促使树脂发生电离，增大树脂内外渗透压，促进水向树脂内部扩散，由于水在树脂内部的扩散较慢，树脂吸

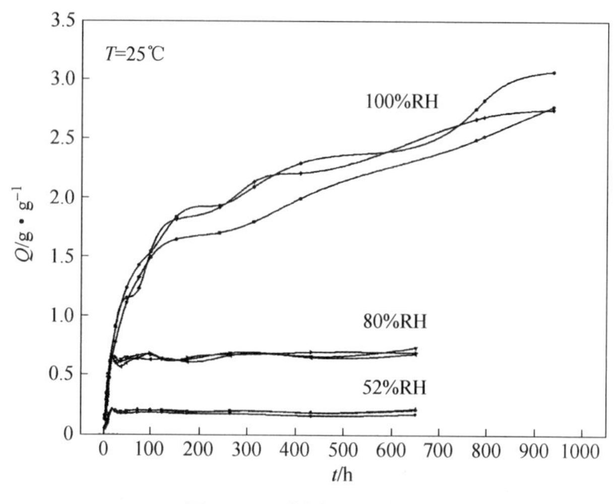


图 2-31　树脂吸湿曲线

湿变缓，逐渐趋近平衡。从图 2-31 可以看出，树脂达到吸湿平衡的时间与相对湿度有关，当相对湿度越大，达到平衡吸湿的时间越长，当相对湿度为 52%时，吸湿 24h 后树脂的吸湿量开始趋近于平衡，其饱和吸湿量约为 0. 19g/g，当相对湿度为 80%时，吸湿 70h 后树脂的吸湿量开始趋于平衡，其饱和吸湿量约为 0. 7g/g，当相对湿度为 100%时，吸湿时间超过 800h，树脂吸湿量达 3g/g，且还有继续上升的趋势。

#### 2. 5. 4. 2　多孔聚丙烯酸钠树脂吸附动力学模型研究

研究吸附动力学可以揭露材料吸附性能与其结构的关系，通过建立吸附动力学模型预测材料的吸附过程。一般用于研究吸附动力学的模型主要有一级吸附动力学模型和二级吸附动力学模型。

A　一级吸附动力学模型

一级吸附动力学吸附模型是由学者 Lagergren 提出的，他假定扩散是控制吸附过程的主要步骤，其线性表达式为

$$\lg(q_e - q_t) = \lg q_e - \left(\frac{k_1}{2.303}\right)t \tag{2-16}$$

式中，$q_e$ 为平衡吸附量，g/g；$q_t$ 为 $t$ 时刻吸附量，g/g；$k_1$ 为一级吸附速率常数，$h^{-1}$。

判断材料吸附过程是否属于一级吸附动力学模型，需要测出平衡吸附量，但是测定平衡吸附量所需时间较长，一般难以准确测量。同时大量研究表明一级吸附动力学模型只适用于研究吸附的初始过程，吸附全过程的相关性并不好。

B 二级吸附动力学模型

二级吸附动力学吸附模型是学者 Ho 根据二价金属离子的吸附理论推导得到的，此模型是建立在化学反应作为吸附控制步骤的化学吸附基础上的，其线性表达式为

$$\frac{t}{q_t}=\frac{1}{k_2 q_e^2}+\frac{1}{q_e}t \tag{2-17}$$

式中，$k_2$ 为二级吸附速率常数，g/(g·h)，以 $t/q_t$ 对 $t$ 做图得到一条直线，可算出 $k_2$ 的值，此模型不需要测定饱和吸附量 $q_e$。

C 聚丙烯酸钠树脂吸附动力学模型的建立

在异丙醇试验组中另随机选取 G、H、M 三组试验样品，测定树脂在 25℃、RH=80%下的吸湿量，结果见表 2-17，分别采用上述两种吸附动力学模型研究聚丙烯酸钠树脂吸湿动力学过程。采用一级吸附动力学模型时，因树脂饱和吸湿量难以测定且此模型仅适用于吸湿初始阶段，根据吸湿量的测定结果综合考虑选用 72h 的吸湿量作为树脂平衡吸湿量，以 $\lg(q_e-q_t)$ 对 $t$ 做图，采用 Origin 绘图软件对试验结果进行拟合，其结果如图 2-32、表 2-18 所示。二级吸附动力学模型不需要测定树脂饱和吸湿量，因此可以直接将试验数据代入方程式进行拟合，以 $t/q_t$ 对 $t$ 做图，其结果见图 2-33、表 2-19。

**表 2-17 树脂吸湿量（$T$=25℃、RH=80%）**

| 时间 $t$/h | 吸湿量/g·g$^{-1}$ | | | 时间 $t$/h | 吸湿量/g·g$^{-1}$ | | |
|---|---|---|---|---|---|---|---|
| | G | H | M | | G | H | M |
| 2 | 0.1121 | 0.1846 | 0.1632 | 23 | 0.6113 | 0.6966 | 0.5691 |
| 4 | 0.1566 | 0.2724 | 0.2132 | 47 | 0.6402 | 0.7003 | 0.5582 |
| 6 | 0.2292 | 0.3874 | 0.2955 | 72 | 0.6528 | 0.7074 | 0.5773 |
| 8 | 0.3012 | 0.4536 | 0.35 | 168 | 0.674 | 0.6932 | 0.6009 |
| 12 | 0.5872 | 0.6878 | 0.5732 | 312 | 0.6863 | 0.7135 | 0.6155 |

**表 2-18 一级吸湿动力学参数**

| 样品 | G | H | M |
|---|---|---|---|
| $q_{e/cal}$ | 0.8541 | 0.6793 | 0.4161 |
| $q_{e/exp}$ | 0.6863 | 0.7135 | 0.6155 |
| $k_1$ | 0.09145 | 0.10877 | 0.08616 |
| $R^2$ | 0.9704 | 0.7934 | 0.4287 |

注：$q_{e/cal}$ 为根据拟合曲线算出的树脂饱和吸湿量；$q_{e/exp}$ 为由试验测得的树脂饱和吸湿量。

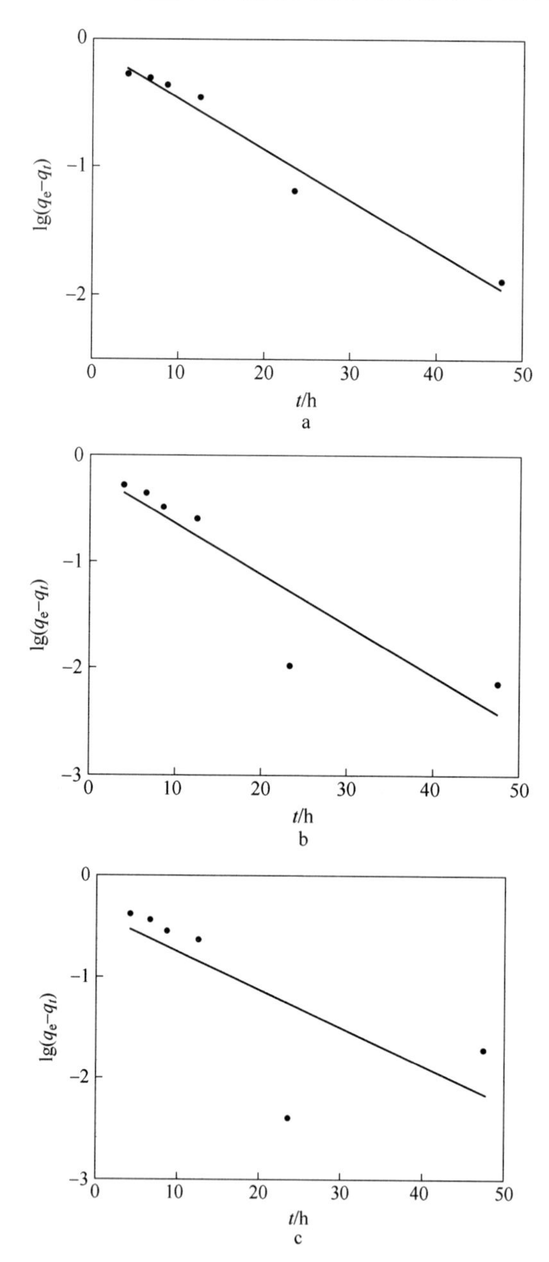


图 2-32　一级吸湿动力学模型拟合曲线

a—样品 G；b—样品 H；c—样品 M

**表 2-19　二级吸湿动力学参数**

| 样品 | G | H | M |
|---|---|---|---|
| $q_{e/cal}$ | 0.7092 | 0.7194 | 0.7143 |
| $q_{e/exp}$ | 0.6863 | 0.7135 | 0.6155 |

续表 2-19

| 样品 | G | H | M |
|---|---|---|---|
| $k_2$ | 0.1668 | 0.3592 | 0.3041 |
| $R^2$ | 0.9982 | 0.9992 | 0.9994 |

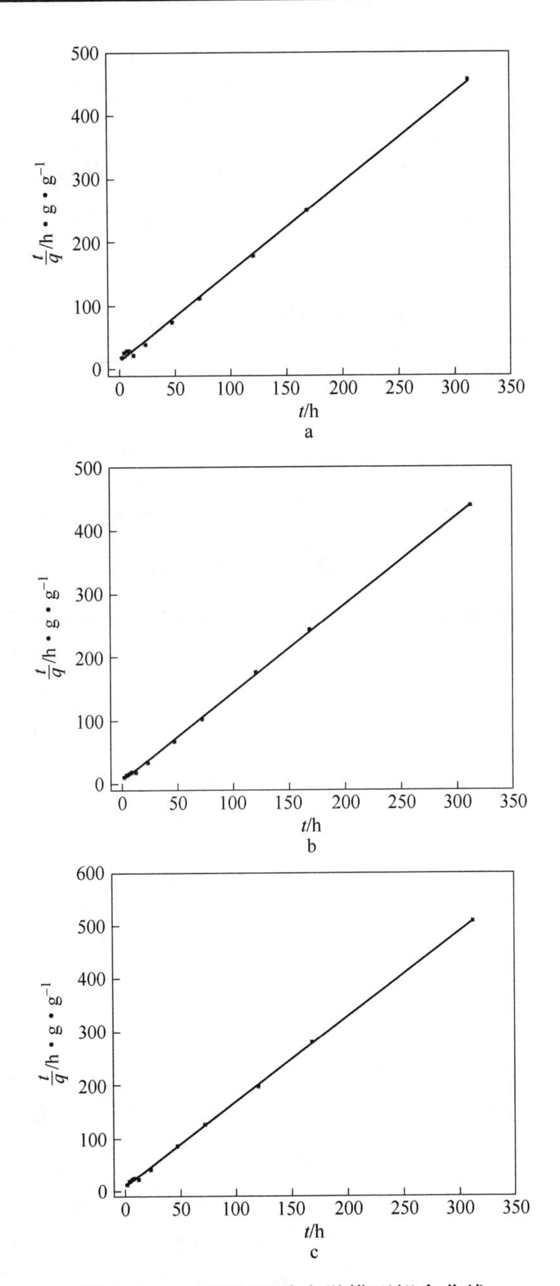


图 2-33 二级吸湿动力学模型拟合曲线

a—样品 G；b—样品 H；c—样品 M

由图 2-32 可知，聚丙烯酸钠树脂吸湿曲线上的点呈非线性分布，根据表 2-18 可知 $R^2$ 值在 0.4287～0.9704 之间，相关性不好，且 $q_e$ 的计算值与试验值偏离程度较大，说明一级吸附动力学模型不适合用来模拟聚丙烯酸钠树脂吸湿过程。从图 2-33 中的二级吸附动力学吸附模型拟合结果可以看到，将吸湿曲线拟合得到一条直线，三组试验样品的 $R^2$ 均在 0.998 以上，拟合计算出的吸湿量与试验测得吸湿量相较一级吸附动力学模型更为接近，由此说明二级吸附动力学模型更适合描述聚丙烯酸钠树脂的吸湿过程。由于二级吸附动力学模型是建立在化学反应基础上的，上述拟合结果表明树脂吸湿过程主要受化学作用影响。根据二级吸附动力学模型拟合数据，算出聚丙烯酸钠树脂吸湿方程式如表 2-20 所示。

**表 2-20　聚丙烯酸钠树脂吸湿方程式**

| 样品 | 吸湿方程式 |
|---|---|
| G | $t/q_t = 11.9074 + 1.4094t$ |
| H | $t/q_t = 5.3777 + 1.3898t$ |
| M | $t/q_t = 8.3939 + 1.5978t$ |

D　非孔与多孔聚丙烯酸钠树脂吸湿速率比较

上述分析表明聚丙烯酸钠树脂的吸湿过程符合二级吸附动力学模型，为了分析比较非孔与多孔聚丙烯酸钠树脂在吸湿速率上的差异，试验根据 G、H 两组样品在 $T=30℃$ 时、RH＝100%、历时 400h 的吸湿曲线结果，采用二级吸附动力学模型计算其吸湿速率常数，同时根据国防科学技术报告中试验测得的非孔聚丙烯酸钠树脂（其吸湿环境与多孔树脂吸湿条件相同）的试验结果，同样按照二级吸附动力学模型算出其吸湿速率常数，结果见表 2-21。

**表 2-21　非孔与多孔聚丙烯酸钠树脂吸湿速率常数（$T=30℃$，RH＝100%）**

| 样品 | G | H | 非孔聚丙烯酸钠树脂 |
|---|---|---|---|
| $k$ | $10.7\times10^{-3}$ | $17.4\times10^{-3}$ | $7.7\times10^{-3}$ |

由表 2-21 可知多孔树脂的吸湿速率常数明显高于非孔树脂，说明当树脂中存在多孔结构时，树脂吸湿速率增大。其中，多孔树脂样品 G 的吸湿速率常数为非孔树脂的 1.4 倍，多孔树脂样品 H 的吸湿速率常数为非孔树脂的 2.2 倍，造成速率倍数有较大差异的原因可能是树脂中的多孔结构不同，由扫描电镜结果可知多孔树脂 G、H 均为柱形孔结构，但样品 H 的孔隙率更高，其表面活性中心和输送通道更多，更有利于树脂快速吸附、聚集、传递水分子，树脂吸湿速率更大，由此说明通过制备具有高孔隙率的聚丙烯酸钠树脂可以提高树脂吸湿速率，可提

高树脂在装备（设备）贮存中的控湿效率。

#### 2.5.4.3 吸附活化能

吸附实际上是在固体表面气体与固体发生相互碰撞的结果，其吸附速率与气体在单位时间内的碰撞次数、表面覆盖度 $\theta$ 以及活化能 $E_a$ 有关，其中活化能 $E_a$ 的大小反映了温度对化学反应速率的影响，而根据二级吸附动力学模型可知聚丙烯酸钠树脂的吸湿以化学吸附为主，说明聚丙烯酸钠树脂吸湿过程也受温度影响。活化能可由 Arrhenius 经验公式计算得到：

$$k = k_0 \exp\left(\frac{-E_a}{RT}\right) \tag{2-18}$$

或

$$\ln k = \ln k_0 - \frac{E_a}{R} \times \frac{1}{T} \tag{2-19}$$

式中，$k$ 为吸附速率常数，因聚丙烯酸树脂吸湿过程符合二级动力学模型，因此 $k$ 为二级吸附速率常数，g/(g · h)；$k_0$ 为指前因子；$E_a$ 为活化能，kJ/mol；$T$ 为开尔文温度，K，以 $\ln k$ 对 $1/T$ 做图，由直线斜率算出吸附活化能。在异丙醇试验组中测定了样品 A、B、C 在 80%RH 下，吸湿环境温度为 293.15K、298.15K、303.15K 时的吸湿曲线，按照二级吸附动力学模型进行拟合，计算样品在不同温度下的吸附率常数，并以 $\ln k$ 对 $1/T$ 做图计算活化能，结果见表2-22。试验另测得样品 A 在 30℃时不同相对湿度下的吸湿曲线，并算出各个湿度下的吸湿速率常数如表 2-23 所示。

**表 2-22 不同温度下吸湿相关参数（RH=80%）**

| 样品 | 温度/K | $k$/g · (g · h)$^{-1}$ | $R^2$ | $E_a$/kJ · mol$^{-1}$ |
|---|---|---|---|---|
| A | 293.15 | 0.0473 | 0.9966 | 86.892 |
| | 298.15 | 0.0961 | 0.9988 | |
| | 303.15 | 0.1524 | 0.9975 | |
| B | 293.15 | 0.0581 | 0.9967 | 84.928 |
| | 298.15 | 0.1218 | 0.9949 | |
| | 303.15 | 0.1822 | 0.9986 | |
| C | 293.15 | 0.0900 | 0.9975 | 84.925 |
| | 298.15 | 0.1552 | 0.9952 | |
| | 303.15 | 0.2827 | 0.9996 | |

表 2-23 不同湿度下吸湿相关参数（$T$=30℃）

| RH/% | 29 | 43 | 57 | 75 | 80 | 90 | 100 |
|---|---|---|---|---|---|---|---|
| $k$ | 2.4542 | 1.3760 | 0.3496 | 0.2219 | 0.1524 | 0.0121 | 0.0053 |
| $R^2$ | 0.9994 | 0.9999 | 0.9999 | 0.9986 | 0.9975 | 0.9917 | 0.9779 |

由表 2-22 可知，三个温度下三组试验样品的 $R^2$ 均在 0.99 以上，再次证明聚丙烯酸钠树脂的吸湿过程是符合二级吸附动力学模型的，根据该模型算出各样品吸附速率常数 $k$ 如表 2-22 所示。可以看到速率常数 $k$ 随温度的升高而增大，表明树脂吸湿过程加快。一般地，当活化能在 0~40kJ/mol 时，材料以物理吸附的方式进行吸附过程，当活化能高于 40kJ/mol 时，化学吸附成为主要的吸附方式。计算结果显示三组样品活化能均在 80kJ/mol 以上，说明化学吸附是聚丙烯酸钠树脂的主要吸湿方式。

表 2-23 说明树脂吸湿速率不仅与温度有关，还与所处环境相对湿度有关。相对湿度增加，吸湿速率常数减小，吸湿速率降低，达到平衡吸附所需时间更长，这一结果解释了图 2-31 中 100%RH 吸湿平衡时间高于 80%RH、52%RH 吸湿平衡时间。综上可知，温度和相对湿度等外部环境对树脂吸湿速率影响较大。

### 2.5.5 小结

本章主要研究了多孔聚丙烯酸钠树脂吸湿热力学、等温模型、吸湿动力学，探讨树脂吸湿机理。

（1）分析了聚丙烯酸钠树脂吸湿热力学过程，结果表明树脂吸湿过程的吉布斯自由能变化小于零，树脂吸湿过程可自发进行。其吸湿焓变值也小于零，表明树脂吸湿过程为放热过程，降低温度有利于树脂吸湿，且吸湿焓变值介于物理吸附焓变与化学吸附焓变之间，表明树脂吸湿过程同时包含物理吸附和化学吸附，树脂表面活泼中心点随吸附量的增加逐渐减少，吸附放热量也逐渐减少。

（2）测定了多孔聚丙烯酸钠树脂的吸附等温线，其结果表明树脂吸附等温线符合Ⅲ型吸附等温线，结合扫描电镜结果，说明树脂吸湿过程为多层、大孔吸附。经拟合分析，树脂吸湿过程可采用 Freundlich 等温式描述。

（3）采用动力学理论分析了树脂吸湿速率，分别按照一级吸附动力学模型和二级吸附动力学模型对树脂吸湿过程进行拟合，结果表明树脂吸湿过程可采用二级吸附动力学模型描述，说明其吸湿过程主要受化学作用控制。非孔与多孔聚丙烯酸钠树脂吸湿速率常数结果表明多孔树脂的吸湿速率明显高于非孔树脂，说明孔提高了树脂吸湿速率。同时算得树脂吸湿活化能约为 80kJ/mol，高于物理吸附活化能 40kJ/mol，再次说明树脂吸湿过程以化学吸附为主。

综上分析可知，树脂吸湿过程可自发进行，说明聚丙烯酸钠树脂可直接用于装备（设备）控湿领域。但动力学分析表明，多孔树脂的吸湿速率明显高于无孔树脂的吸湿速率，并且树脂孔隙率越高，其吸湿速率越大，说明具有多孔结构的聚丙烯酸钠树脂的吸湿效率更高，这对指导装备（设备）贮存保障工作具有重要意义。

## 2.6 结论与展望

### 2.6.1 主要结论

为适应野外环境的灵活性与复杂性，本书从装备（设备）贮存对环境湿度控制要求的角度出发，以保障装备（设备）使用性能为落脚点，以有机高分子吸湿材料为基础，旨在研制出一种具有高吸湿性能的吸湿材料，完成装备贮存保障任务。本书在聚丙烯酸钠树脂吸湿基础之上，采用特定成孔技术制备了具有多孔结构的聚丙烯酸钠树脂，以提高树脂吸湿性能。主要研究成果如下。

（1）通过对树脂多孔结构控制方法与聚合体系特点进行分析，采用致孔剂法制备了多孔聚丙烯酸钠树脂。根据体系特点与致孔剂选择原则，试验选用DMF、二甲基亚砜、异丙醇三种溶剂作为致孔剂，对三种致孔剂采用正交试验方法分别设计九组试验工艺，制备了多孔聚丙烯酸钠树脂，并表征、测定树脂的多孔结构与吸湿性能。

1）采用扫描电镜观察了聚丙烯酸钠树脂表面形貌，未加入致孔剂的聚丙烯酸钠树脂表面平实无孔，加入致孔剂后树脂出现多孔结构。但三种致孔剂制备的聚丙烯酸钠树脂的孔结构存在差异，DMF、二甲基亚砜试验组存在多种类型孔，且孔的均匀性较差，而异丙醇试验组所有样品均为柱形孔，孔径分布相对均匀，分析表明孔的差异是由制备工艺与致孔剂性质不同造成的。

2）采用红外光谱仪分析了三种致孔剂制备的多孔树脂的化学结构，证明聚丙烯酸钠树脂成功合成。同时试验还分析了树脂在干燥前后致孔剂特征吸收峰的变化情况，结果表明凝胶态树脂中含有致孔剂的特征吸收峰，在干燥结束后特征峰消失，说明致孔剂不参与聚合反应，内嵌于凝胶树脂中，并在干燥过程中挥发实现了致孔。

3）测定了在20℃、100%RH历时400h各致孔剂样品的吸湿量，并与传统吸湿材料做比较，结果表明聚丙烯酸钠树脂吸湿量明显高于传统吸湿材料，证明了高分子吸湿材料吸湿性能的优越性，其中又以异丙醇试验组的吸湿量普遍较高。对正交试验结果进行分析，确定了三种致孔剂制备的聚丙烯酸钠树脂吸湿性能影响因素的主次关系，以单体浓度和致孔剂对树脂吸湿性能影响最大。结合扫描电镜结果，分析各工艺条件下树脂孔结构对其吸湿性能的影响，结果表明当树脂中含有柱形孔、树脂孔隙率较高、孔径较小且孔径分布均匀时，其吸湿量一般较高。

4）采用同步热分析仪测定了多孔树脂在吸湿 24h 后的失重曲线，结果表明树脂热分解温度高，大约为 450℃，耐热性好。其中，重点分析了 300℃ 范围内水的失重变化，结果表明在吸湿过程中水形成了自由水、冻结合水以及非冻结合水，同时分析发现异丙醇试验组结合水含量较高，说明异丙醇试验组的孔结构对水的输送效果更好。

（2）筛选出了异丙醇作为较优致孔剂，详细研究了试验参数对树脂成孔性及吸湿性能的影响。

1）以单体浓度、交联剂、引发剂、致孔剂、中和度以及干燥温度为主要考虑因素，采用单因素变量法详细分析各因素对树脂成孔性及吸湿性能的影响，并设计新的正交试验方案，分析影响树脂吸湿性能因素主次关系，得到了最佳试验工艺：致孔剂含量为 10%、干燥温度为 82℃、单体浓度为 20%、引发剂含量为 0.25%、交联剂含量为 0.21%、中和度为 65%，此时样品吸湿量为 4.2783g/g。

2）测定了树脂在不同吸湿时间下的热失重曲线，重点研究 300℃ 范围内水的失重曲线，分析表明树脂在吸湿过程中自由水含量的增幅程度高于结合水含量的增幅程度，随着吸湿时间的增加，自由水含量远高于结合水含量，其失重速率峰掩盖了结合水的失重速率峰。随着吸湿时间的增加，在 DTG 曲线上水的失重速率峰表现为由宽低峰向尖锐峰过渡。

（3）研究了树脂吸湿热力学，计算出热力学相关参数，结果表明聚丙烯酸钠树脂吸湿过程为自发放热反应；测定了树脂吸附等温线，结果表明其符合Ⅲ型吸附等温线，说明树脂吸湿过程为大孔、多层吸附过程；分析了树脂吸湿动力学过程，其吸湿过程符合二级吸附动力学模型，且分析表明含孔树脂的吸湿速率高于非孔树脂，说明多孔结构的存在有利于加快树脂吸湿进程，提高树脂吸湿效率。

### 2.6.2 下一步展望

经本书分析研究表明，通过控制树脂多孔结构提高树脂吸湿性能具有可行性。采用致孔剂法可制备具有多孔结构的聚丙烯酸钠树脂，与不含孔的聚丙烯酸钠树脂相比，多孔树脂的吸湿速率与吸湿量有明显提高，有利于扩大聚丙烯酸钠树脂在吸湿领域中的实际应用。但因时间和研究水平有限，研究还不够深入、系统，还有许多困难和问题亟待解决。笔者认为下一步的工作应围绕以下几个方面展开：

（1）因致孔剂法在亲水性聚合物中的研究不多，缺乏全面、系统的理论指导，对致孔剂在聚丙烯酸钠体系致孔机理的研究不够深入，下一步可以考虑从反应热力学、亲水性聚合物体系与溶剂之间的相互作用等方面深入研究致孔机理，提高聚丙烯酸钠体系致孔剂的选择性。

（2）试验证明当聚丙烯酸钠树脂中含有多孔结构时，其吸湿性能明显提高。但本书制备的聚丙烯酸钠树脂以微米级大孔居多，在完成上一步致孔机理研究后，下一步对多孔结构的研究就是找到适宜致孔剂制备出纳米孔，研究纳米孔对树脂吸湿性能的影响，并与微米孔对比，扩大吸湿材料的适用范围。

（3）当前主要研究内容是多孔聚丙烯酸钠树脂的吸湿性能，结果也证明了多孔聚丙烯酸钠树脂在中、高湿环境下吸湿性能有所改善。但在某些实际应用领域是需要将环境湿度控制在一定范围内，即要求材料兼具吸湿和放湿性能以达到防护目的。但因时间紧张、工作量较大，未能及时研究多孔树脂放湿性能，因此在下一步工作中还应当研究多孔聚丙烯酸钠树脂的放湿性能，研制出一种可实现吸湿、放湿性能的调湿性功能材料。

（4）目前研究在试验阶段取得了一定效果，但在大量实际应用中还有很多不确定因素，例如环境复杂、灵活性强、投放量大，并不能完全保证实际应用效果，因此在试验与实际应用的衔接上还需要下工夫，在吸湿材料的包装形式、材料投放量、实际应用效果、成本等方面还需进行相关研究工作，提高材料在吸湿领域的应用效能，力争物尽其用，物有所值。

# 3 剪切增稠材料

## 3.1 绪论

剪切增稠液在高速冲击下黏度可发生巨大变化，甚至由液态转变为类固态，冲击消失后又可复原，这种独特的力学性能使其在阻尼、减振以及抗冲击防护设备等领域具有广阔的应用前景，尤其在部队单兵防护装备应用领域炙手可热，但目前研究成熟的剪切增稠液尚不能在应用中达到理想效果，因此探索研究新的剪切增稠体系，提高其力学性能对于升级防御性装备具有重要意义。

目前研究及应用最广的剪切增稠液是二氧化硅-聚乙二醇悬浮液，该体系的初始黏度不会太高，发生剪切增稠行为的临界剪切速率适中，但在剪切增稠区域达到的最大剪切黏度不是很高。

通过分析总结大量研究成果，笔者发现颗粒物质体系的流变性能跟分散相粒子的性状有极大的关系，剪切增稠性能与分散相粒子的比表面能、表面极性，基团活性等存在机理层面的关系。为进一步提高二氧化硅体系的剪切增稠性能，本章制备了介孔二氧化硅粒子，重点研究其表面能及粒状对剪切增稠性能的影响，以期望获得性能更佳的 $SiO_2$ 剪切增稠体系。

与无机纳米粒子相比，有机高分子颗粒在合成过程中更容易对其分子结构、表面性质、硬度及弹性性质进行控制，从而获得期望的分散相粒子。因此，为了进一步提高流体剪切增稠性能，本章制备了一种聚苯乙烯-丙烯酸钠粒子为分散相的有机剪切增稠体系，通过调节粒子的中和度以达到改变极性的目的，较为系统地研究了这种高分子体系的剪切增稠液的性质。

本章以探究颗粒物质体系的剪切增稠性能跟体系内部化学极性的关系，以制备性能更佳的剪切增稠液为目的，合成了两类新型的表面活性更高的分散相粒子；以剪切流变性能为主要性能指标，系统地分析分散相粒子的表面活性、单个粒子形貌、整体分散度等因素对流体剪切增稠性能的影响并总结出规律。具体研究内容为：

（1）以十六烷基三甲基溴化铵（CATB）为模板剂，制备了表面高度有序分布六方孔的球状介孔二氧化硅。采用傅里叶红外光谱仪、X 射线衍射仪（XRD）、扫描电子显微镜（SEM）、透射电子显微镜（TEM）对其物性结构加以表征分析，研究了这种粒子的比表面积、介孔分布等特征。以制备的介孔二氧化硅为分散相，聚乙二醇为分散介质，制备了一系列剪切增稠液（STF），结合动态流变仪对其流变性能的测试结果研究分析了粒子比表面积、分散相浓度、分散介质、合成温度等因素对剪切增稠性能的影响。

（2）以阳离子表面活性剂十六烷基三甲基溴化铵为基本模板，分别混入两种阴离子表面活性剂十二烷基磺酸钠和十二烷基苯磺酸钠以形成复合模板，合成了具有不同介观结构和粒状的介孔二氧化硅。分别以各种条件下合成的介孔二氧化硅为分散相制备 STF，采用动态流变仪对其流变性能做表征，总结分析了分散相粒子的粒状对流体剪切增稠性能的影响规律。

（3）采用无皂乳液聚合法，以 $NaHCO_3$ 为中和剂，分别通过一步法、两步法合成了两种聚苯乙烯-丙烯酸粒子（PS-AA），并通过扫描电镜（SEM）分析对比了两种粒子的微观形貌。通过高能球磨法将粒子分散到聚乙二醇当中，制备得到 PS-AA/PEG 剪切增稠液（STF），并通过动态流变仪稳态扫描测试对比分析了聚乙二醇悬液的剪切增稠特性，结果表明，用两步法合成的粒子做分散相可制备出优良的剪切增稠液；使用红外光谱仪、热分析仪、扫描电镜、激光粒度分布仪等对不同中和度的粒子进行了表征，通过动态流变仪对聚乙二醇悬液流变性能进行表征。结果表明，成功合成了不同中和度的表面光滑，粒径均一的 PS-AA 粒子，并以此制备出了效果极佳的剪切增稠液。

## 3.2 试验部分

本书从制备研究新型分散相粒子入手，较为系统地研究了介孔 $SiO_2$ 粒子和聚苯乙烯-丙烯酸钠粒子为分散相的两种新型的剪切增稠体系。本章主要对试验方法进行介绍。

### 3.2.1 试验原料与试验仪器

试验原料与试验仪器分别见于表 3-1、表 3-2。

**表 3-1 试验原料**

| 原料名称 | 规格 | 厂　家 |
|---|---|---|
| 丙烯酸 | AR | 天津永大化学试剂厂 |
| 苯乙烯 | AR | 天津永大化学试剂厂 |
| 聚乙二醇 | CP | 天津永大化学试剂厂 |
| 碳酸氢钠 | AR | 天津永大化学试剂厂 |
| 过硫酸钾 | AR | 天津永大化学试剂厂 |
| 十六烷基三甲基溴化铵（CATB） | AR | 天津永大化学试剂厂 |
| 十二烷基磺酸钠（SDS） | AR | 天津永大化学试剂厂 |

续表 3-1

| 原料名称 | 规格 | 厂　　家 |
|---|---|---|
| 十二烷基苯磺酸钠（SDBS） | AR | 天津永大化学试剂厂 |
| 正硅酸乙酯 | AR | 天津永大化学试剂厂 |

**表 3-2　试验仪器**

| 仪器名称 | 型号 | 厂　　家 |
|---|---|---|
| 电子天平 | FC204 | 上海精密科学仪器有限公司 |
| 增力搅拌器 | SXJ-1 | 金坛市金龙试验仪器厂 |
| 红外光谱仪 | Nicolet6700 | 美国 Nicolet 公司 |
| 同步热分析仪 | SDTQ600 | 美国 TA 公司 |
| 扫描电子显微镜 | S-4800-I | 日本 HITACHI |
| 透射电子显微镜 | Tecnai G2 F30 | 美国 FEI 公司 |
| 动态流变仪 | AR2000 | 美国 TA 公司 |
| X 射线衍射仪 | S2 | 日本理学公司 |
| BET 吸附 | 3020 | 美国麦克公司 |

### 3.2.2　试验方法

#### 3.2.2.1　分散相粒子的合成

介孔二氧化硅粒子的合成：将计量十六烷基三甲基溴化铵（CATB）溶于500mL 去离子水中，搅拌至完全溶解后升温至试验设定温度，缓慢滴加计量 NaOH 溶液，最后滴加计量正硅酸乙酯（TEOS）溶液，搅拌 4h 后，即得到白色沉淀，抽滤并用甲醇冲洗，然后用盐酸的甲醇溶液回流 10h，最后，用甲醇对收获的粒子充分洗涤，在真空干燥箱中 50℃ 干燥。

复合模板法制备介孔二氧化硅粒子：基于上述方法，先将计量的阴离子表面活性剂，本试验采用十二烷基磺酸钠（SDS）与十二烷基苯磺酸钠（SDBS），溶于 500mL 去离子水中，后续步骤同上。

PS-AA 粒子合成：本试验分别通过一步法，两步法合成聚合物粒子，并分别对其微观形貌及聚乙二醇分散体系流变性能进行表征。

一步法：将计量经减压蒸馏处理的苯乙烯和中和后的丙烯酸单体溶液以一定的比例加入 500mL 三口烧瓶中（油浴保持常温）。室温下以 300r/min 的速度搅拌 30min，期间持续通高纯氮气，之后加入引发剂过硫酸钾，再搅拌 15min。待烧瓶中无明显分层，将反应装置移入 75℃ 油浴继续聚合 6h，离心机 3500r/min 沉淀固体产物，所得粒子用去离子水洗涤 3 次。最后放入 50°C 的真空干燥箱中烘干。

两步法：取 1/3 苯乙烯单体与 1/3 丙烯酸中和液混合加入三口烧瓶中，常温下搅拌 15min，使其充分混合，投入部分引发剂水溶液再搅拌 10min，之后升温至 75℃，预乳化半个小时，待乳液泛蓝，表明种子乳液已形成，继续匀速缓慢滴加剩余 2/3 单体，剩余引发剂以水溶液方式分次滴加。

#### 3.2.2.2 剪切增稠液（STF）的制备

将制备的分散相粒粉与计量的聚乙二醇 200 混合，按照球料比 6：1 的比例称量氧化锆球，球磨机转速定为 300r/min，并且设置为双向球磨，目的在于分散更均匀，24h 后得到的均匀流体，超声以免气泡存留，影响流变性能。试验制备的 PS-AA Na/PEG 剪切增稠液见图 3-1。

图 3-1 试验制备的 PS-AA Na/PEG 剪切增稠液

### 3.2.3 材料结构表征与性能测试

#### 3.2.3.1 红外光谱分析

试验采用的是美国 Nicolet 公司 Nicolet6700 型红外光谱仪，具体操作方法如下：将待测物烘干，与一定量溴化钾颗粒混合在玛瑙研钵中混匀研磨至粉末状，压片成样。本试验样品测试扫描范围为 $4500\sim500cm^{-1}$。

红外光谱分析法的原理在于物质分子中特征基团振动频率同步于红外光频率时，分子吸收能量发生跃迁，该处波长光就被物质吸收，仪器将光吸收情况记录下来便得到红外光谱图。

#### 3.2.3.2 微观形貌分析

扫描电子显微镜主要在本书用于观察合成的分散相粒子的表面结构，主要有聚苯乙烯-丙烯酸钠粒子的整体分散性和表面光滑度，介孔二氧化硅粒子的整体外观形貌。本试验采用的是日立 SU-8010 型高分辨冷场发射扫描电子显微镜。

具体操作如下：在载物台上的导电胶带上均匀撒适量待测物粉末，喷金处理后即可观察。

透射电子显微镜对于本试验制备的介孔二氧化硅粒子的孔道结构加以表征，主要用于辅助分析不同条件下介孔二氧化硅的孔生长方式和机理。本书采用的仪器是美国 FEI 公司的 Tecnai G2 F30 S-TWIN 型场发射透射电子显微镜，具体制样操作如下：先将适量产物粒子在乙醇中超声分散，滴在铜网上，充分干燥后即可观察。

#### 3.2.3.3 热分析

热分析是通过测试材料物化性质随温度变化而发生的一系列变化来表征材料的热稳定性以及相变情况的一种常用表征手段。

热分析（Thermal Analysis）是在程序控制温度条件下，测量物质的物理化学性质随温度变化的函数关系的技术。常见的物理变化有熔化、沸腾、升华、结晶转变等，常见的化学变化有脱水、降解、分解、氧化，还原，化合反应等。这两类变化，首先有焓变，同时常常也伴随着质量、力学性能的变化等。常用的热分析方法有：差热分析、差示扫描量热法、热重分析法等。

其中差示扫描量热法简称 DSC（Differential Scanning Calorimetry）是在温度程序控制下测量试样相对于参比物的热流速度随温度变化的一种技术。

热重分析法简称 TGA（Thermogravimetric Analysis），它是测定试样在温度等速上升时重量的变化，或者测定试样在恒定的高温下重量随时间的变化的一种分析技术。TG 曲线表示加热过程中样品失重累积量，为积分型曲线。

本书主要用热重分析法（TGA）和差示扫描量热法（DSC）对于纳米粒子进行测试，并对其 TG 曲线和 DSC 曲线加以分析。

本书采用的仪器是美国 TA 公司的 SDT Q600 型同步热分析仪。具体操作如下：取待测物 7mg，升温速率控制为 10℃/min，升温范围为 25~800℃，全程氮气保护。

#### 3.2.3.4 X 射线衍射分析

X 射线衍射分析是基于晶体结构进行的物相分析。本书主要通过此表征方法对介孔二氧化硅表面孔的高度有序介观结构加以分析。X 射线衍射分析的基础公式是布拉格公式，即 $2d\sin\theta=n\lambda$。根据衍射峰面的角度位置，计算相应的 $1/d$，对照标准图谱，判断介孔结构。

本试验采用日本理学公司的 S2 型 X 射线衍射仪，衍射角度为 $2\theta$：0.5°~5°。

#### 3.2.3.5 BET 吸附分析

BET 吸附分析用于测定介孔材料的孔隙性质，例如比表面积、孔径大小和孔容。本书介孔孔径分布的计算以吸附曲线为基准数据，通过 BJH 方法计算而出，没有专门说明的情况，总孔容以相对压力 $P/P_0=0.99$ 计算得到。本书用到的氮气吸附仪器是麦克公司的 3020 型吸附仪，制样采用 305℃氮气吹扫处理 3h 开始测试。

#### 3.2.3.6 流变性能分析

流变性能分析是针对流体在受到外来剪切应力时的黏度变化特征所做的表征，也是对于非牛顿流体流变性能通用的表征手段。本书采用的是美国 TA 公司的 AR2000 型号动态流变仪，见图 3-2，频率恒定为 $20s^{-1}$，测试采用椎板。剪切速率范围为 0~3000rad/s。本书测试的数据主要有流体的稳态剪切流变曲线和储能模量、耗能模量随剪切应力的变化曲线。

图 3-2 AR2000 型流变仪

### 3.2.4 小结

本小节主要用仪器测试表征了 PS-AA 粒子、介孔二氧化硅粒子以及制备的剪切增稠液的各项性质，主要内容有：

（1）采用傅里叶红外光谱分析仪，热重-DSC 分析仪表征 PS-AA 粒子及介孔二氧化硅粒子的物化性质，其中介孔二氧化硅粒子的表面结构还用 X 射线衍射仪加以扫描观察，孔吸附性能是由 BET 氮气吸附仪测试。所有粒子表面形貌用场发射扫描电子显微镜观察，其中介孔二氧化硅的孔型结构用透射电镜加以表征。

（2）制备的剪切增稠液的稳态流变性能和动态剪切模量是由动态流变仪在恒定频率 $20s^{-1}$下 1~3000rad/s 的条件下测试而出。通过黏度的变化以及黏弹性模量的变化情况来分析流体的剪切增稠性能优劣。

## 3.3　介孔二氧化硅的聚乙二醇悬液剪切增稠性能研究

介孔二氧化硅由于具有更大的比表面积，表面活性羟基密度更大，在吸附、载体领域引起强烈的研究热。剪切增稠流体的流变性能影响因素很多，不仅包括分散相的浓度及分散介质的分子量，还有分散相粒子的形状、粒子分散度等因素。李双兵等研究了球形二氧化硅粒子粒径对流体剪切增稠性能的影响，发现粒径小、比表面积大的粒子有利于剪切增稠性能的提高。He 等发现以球形介孔二氧化硅为分散相，以 PEG 为连续相的 STF 同样存在剪切增稠现象。有研究表明与无孔的二氧化硅相比，有介孔结构的二氧化硅具有更好的增稠效果，因为它具有很高的比表面积和表面活性、有序的孔道结构以及均匀的孔径。本书以十六烷基三甲基溴化铵（CATB）为模板剂，制备了表面高度有序分布六方孔的球状介孔二氧化硅。通过调节 CATB 用量、NaOH 用量、合成温度，合成了具有不同介观结构和形貌的介孔二氧化硅。以所得介孔二氧化硅为分散相，聚乙二醇为分散介质，制备了一系列剪切增稠液（STF），结合动态流变仪对其流变性能的测试结果研究分析了分散相浓度、比表面积、合成温度等因素对剪切增稠性能的影响。结果显示，用介孔二氧化硅制备的剪切增稠液的综合性能明显优于普通实体二氧化硅体系。

### 3.3.1　介孔二氧化硅合成试验方案

为了研究介孔 $SiO_2$ 的表面结构及外观形貌对其剪切增稠性能的影响，需合成一系列不同表面结构及外观形貌的介孔 $SiO_2$，设计了如下试验方案，见表 3-3。

**表 3-3　试验设计表**

| 序号 | CATB/g | NaOH/mL | 温度/℃ | $R_{SDS}$ | $R_{SDBS}$ |
|---|---|---|---|---|---|
| 1 | 0.7 | 4 | 80 | 0 | 0 |
| 2 | 1 | 4 | 80 | 0 | 0 |
| 3 | 1.2 | 4 | 80 | 0 | 0 |
| 4 | 1 | 6 | 80 | 0 | 0 |
| 5 | 1 | 4 | 60 | 0 | 0 |
| 6 | 1 | 4 | 45 | 0 | 0 |
| 7 | 1 | 4 | 80 | 0.01 | 0.01 |
| 8 | 1 | 4 | 80 | 0.03 | 0.03 |
| 9 | 1 | 4 | 80 | 0.1 | 0.1 |
| 10 | 1 | 4 | 80 | 0.15 | 0.15 |

此方案中，试验组 7~10 为在阳离子活性剂 CATB 为模板的工艺中，另加入

了两种阴离子表面活性剂，分别为十二烷基磺酸钠（SDS）和十二烷基苯磺酸钠（SDBS），以合成一种复合模板剂的介孔二氧化硅。

### 3.3.2 结果与讨论

#### 3.3.2.1 介孔 $SiO_2$ 表征与流变性能

图 3-3 为本书合成的介孔二氧化硅与购买的普通二氧化硅的红外光谱分析曲线。由曲线 a，相较于普通二氧化硅，介孔二氧化硅的红外吸收峰主要表现在 3400-3600$cm^{-1}$域内有大面积的吸收峰，此为 Si—OH 振动吸收峰，而曲线 b 的普通二氧化硅在此处峰值非常钝拙，表明其表面 Si—OH 量远远少于介孔二氧化硅。同时在 1635$cm^{-1}$处的尖峰是 H—O—H 弯曲振动吸收峰。表明试验制得的介孔二氧化硅粒子比表面积得以增大，使得更多的 Si—OH 暴露在表面，其他基团峰几乎无明显差异。

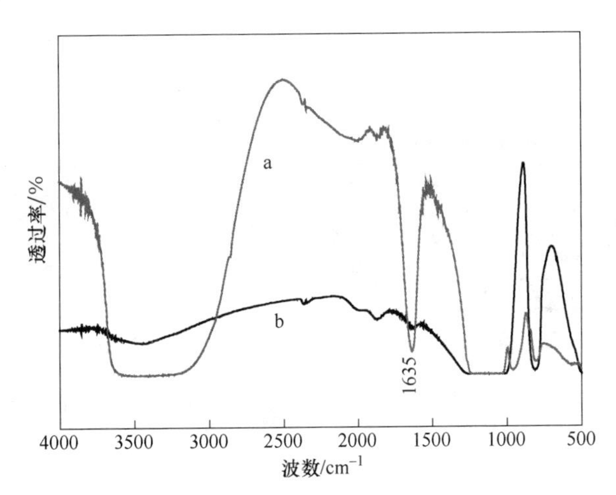


图 3-3 两种二氧化硅粒子的红外光谱分析图

a—介孔 $SiO_2$；b—普通 $SiO_2$

试验通过 XRD 小角衍射用以判断合成介孔二氧化硅的孔有序性。图 3-4 是本书合成的介孔 $SiO_2$ 与购买的普通 $SiO_2$ 的 X 射线小角衍射曲线，衍射角度为 $2\theta=0°\sim5°$。从图 3-4 可看出，介孔二氧化硅图谱在 $2\theta=2°$衍射角处出现尖锐的峰，这是六方型孔的（100）面衍射峰，2°以后依次出现 2 级峰，3 级峰，分别是（110）面和（200）面的衍射峰，根据峰的位置，通过布拉格方程 $2d\sin\theta=n\lambda$ 计算得出 $1/d=1:\sqrt{3}:2$，对照标准谱图，可知是六方相，且六方孔排列具高度有序性。而普通二氧化硅由于无有序介观结构，在小角衍射下没有峰值。

图 3-5 为两种不同类二氧化硅粒子在扫描电子显微镜下的形貌图。两者均为规则球状粒子，且分散性良好，介孔 $SiO_2$ 的粒径越大，更为均匀。

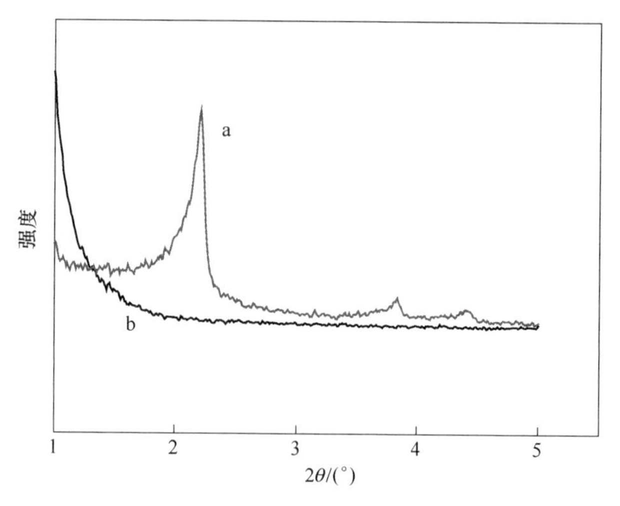


图 3-4　两种粒子的 X 射线衍射曲线

a—介孔 $SiO_2$；b—普通 $SiO_2$

图 3-5　两种 $SiO_2$ 粒子的扫描电镜形貌图

a—介孔 $SiO_2$；b—普通 $SiO_2$

试验将合成 $SiO_2$ 和亚微米 $SiO_2$ 分别分散于聚乙二醇中，制备出两类二氧化硅体系的 STF，对其流变性能进行对比。图 3-6 为两种粒子对应的分散体系的稳态流变曲线。

图 3-6 中两条曲线分别为 37%的介孔 $SiO_2$/PEG 体系与 45%的普通的 $SiO_2$/PEG 体系在稳态扫描下的机械流变曲线，两种体系均呈连续增稠模式。相较于普通 $SiO_2$/PEG 体系，一方面，介孔 $SiO_2$ 体系在低浓度时即可实现良好的剪切增稠效果，不仅在更低的剪切速率便发生增稠，且黏度增幅达 1 个数量级，另一方面介孔二氧化硅的体系初始黏度较大。这是因为介孔 $SiO_2$ 粒子较普通 $SiO_2$ 粒子具有更大的比表面积，更多的活性羟基点暴露在球外表面及孔道内部，提高了粒子的表面能，因此活性较高的介孔二氧化硅粒子更易在 PEG 中的流体水动力作用

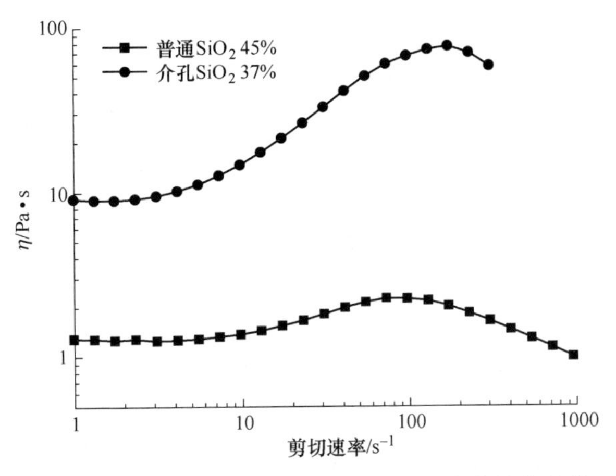


图 3-6 两类二氧化硅粒子的 PEG 悬液流变性能曲线

下聚成“粒子簇”，进而“粒子簇”反作用于流体，使水动力受阻，且羟基密度增大，形成了更多的氢键，有助于提高“粒子簇”的内聚力，进而增进稳固性。之所以初始黏度大，是因为介孔二氧化硅本身表明活性高，又在聚乙二醇中形成了更错综复杂的氢键网络。因此，相较于目前剪切增稠液领域研究最广的 $SiO_2$/PEG 体系，本试验合成的介孔 $SiO_2$/PEG 具备更优的剪切增稠性能。

图 3-7 为测试得到的两类 $SiO_2$ 粒子对应的 PEG 悬液剪切应力随剪切速率的变化曲线。由图 3-7 可以看出，两者在剪切变稀阶段，剪切应力无明显的变化，对于普通的 $SiO_2$ 体系，45%浓度时，其剪切应力随剪切速率增加的变化幅度较弱，而 37%的介孔 $SiO_2$ 体系，虽然浓度较低，但当达到临界速率时，剪切应力连续性递增，表现出胀塑性流体的流动曲线性质。根据幂律方程式 3-1

$$\lg\tau = \lg K + n\lg\dot{\gamma} \tag{3-1}$$

式中，$K$ 为流体的稠度系数；$n$ 为非牛顿指数，两者均为常数。

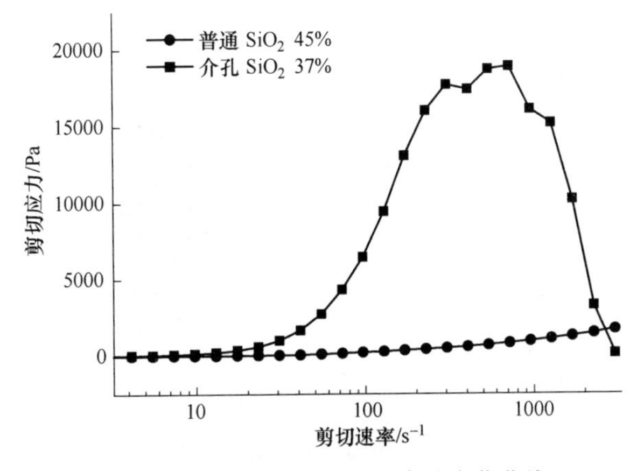


图 3-7 剪切应力随剪切速率的变化曲线

由式 3-1 可得 $n = \mathrm{dlg}\tau / \mathrm{dlg}\dot{\gamma}$，根据图 3-7，显然，45%的普通二氧化硅体系的 $n<1$，表现为假塑性流体；而对于 37%的介孔二氧化硅体系，$n>1$，体系的黏度随剪切速率增加而非线性增加，表现为剪切增稠。随着剪切速率继续增大，剪切应力响应开始迅速减小，体系内部形成的“粒子簇”正被逐渐分散，而这种效应通常是可逆的。

剪切增稠液的动态流变性能测试主要是体系的弹性模量 $G'$、黏性模量 $G''$、复合黏度 $\eta^*$ 随剪切应力及应变的变化规律。本书针对制备的分散相浓度 37%的介孔 $SiO_2$/PEG 体系，在频率 20rad/s 的条件下测试分析了体系的动态模量及复合黏度在剪切场中的变化规律，并同时得到了体系复合黏度随剪切应力增大的变化曲线。

图 3-8 是介孔二氧化硅-聚乙二醇剪切增稠体系的动态剪切模量变化曲线，图 3-9 是相应的体系复合黏度 $\eta^*$ 随剪切应力增大的变化曲线。根据材料的黏弹性理论，弹性模量 $G'$、黏性模量 $G''$分别用以表示材料的弹性和黏性强度，弹性是体系的固体行为，黏性为体系的液体行为。随剪切速率增大，模量变化大致分为三个区间：线性黏弹性区、剪切变稀区、剪切增稠区。其中，在剪切应力较小的区间，此时剪切速率较低，$G'$与 $G''$呈并行趋势，且大小不随剪切应力增大而改变，在此过程中，剪切应力不足以破坏布朗运动，从微观层面解释为粒子在受到外力扰乱后，瞬时恢复平衡状态，此即线性黏弹性区。随着剪切速率增大，流体的 $G'$开始减小，而 $G''$仍保持不变，原因在于剪切应力打破了原来的布朗运动状态或者氢键网络的破坏，此即为剪切变稀区。由图 3-8 可以看出，本书制备的介孔二氧化硅-聚乙二醇体系剪切变稀现象不是十分明显；当剪切速率进一步增大，剪切应力达到临界值时，$G''$的增长速率骤然提高，并且逐渐远远大于 $G'$，因为形

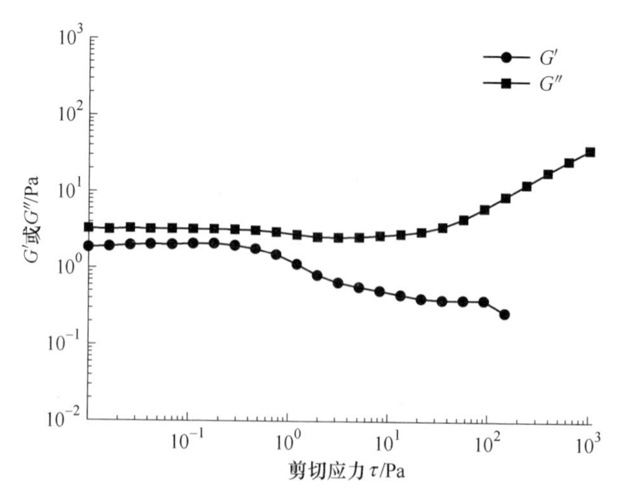


图 3-8　动态模量-剪切应力关系曲线

成的“粒子簇”增大了剪切黏度，对外来应力形成抵抗作用，此为剪切增稠区。从图 3-9 也可以直观地看出制备的介孔二氧化硅-聚乙二醇体系的流体在剪切应力增大的剪切场中，连续增稠的流变性能。

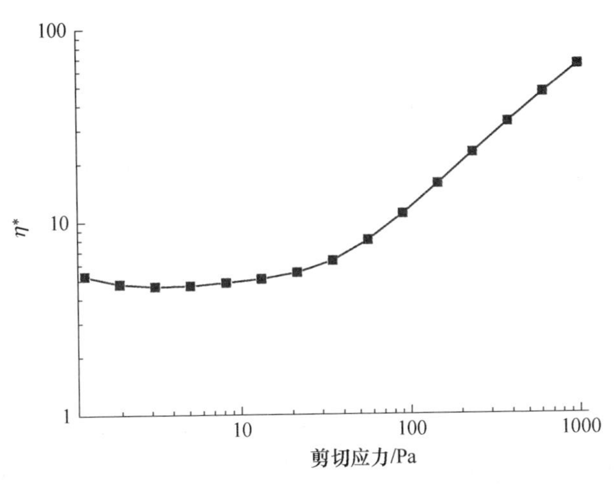


图 3-9 复合黏度随剪切应力关系曲线

#### 3.3.2.2 介孔 $SiO_2$/PEG 体系的可逆性分析

剪切增稠体系的可逆性对实际应用具有重要意义。图 3-10 是本节为分析介孔 $SiO_2$/PEG 体系的可逆性，通过上行、下行两种剪切速率的剪切方式测得的流变曲线，其中曲线 a 为剪切速率从 $1s^{-1}$ 到 $300s^{-1}$ 的黏度变化曲线，曲线 b 为剪切速率从 $300s^{-1}$ 到 $1s^{-1}$ 的黏度变化曲线。由图 3-10 可以看出，在剪切变稀区，两条曲线几乎重合，说明剪切力对体系并未造成损坏。两条曲线在剪切增稠区出现一定偏差，但走势完全一致，可逆性相较于普通 $SiO_2$/PEG 体系略显逊色，普通 $SiO_2$ 体系在整个上下行剪切过程中黏度曲线可完全重合，但本书制备的 $SiO_2$/PEG 体系剪切增稠性能明显优于普通的 $SiO_2$ 体系。原因在于本书合成的介孔二氧化硅粒子在剪切应力作用下形成的粒子簇更加牢固，解体所需时间更长，这也从侧面反映了介孔 $SiO_2$ 体系剪切增稠性能更佳，结论与图 3-6 所得一致。

#### 3.3.2.3 分散相浓度对流变性能的影响

图 3-11 为前期试验中用普通实心 $SiO_2$ 制备的不同分散相浓度 STF 的稳态流变曲线。普通 $SiO_2$/PEG 的体系在分散相浓度为 40%时，仍无剪切增稠响应，58%、62%、65%的体系表现出明显的剪切增稠，且三组 STF 黏度随剪切速率的变化趋势非常相似，主要区别在于剪切增稠的临界剪切速率随着分散相浓度增大而减小，最大剪切黏度随之增大。图 3-12 为分散相浓度分别为 32%、37%、

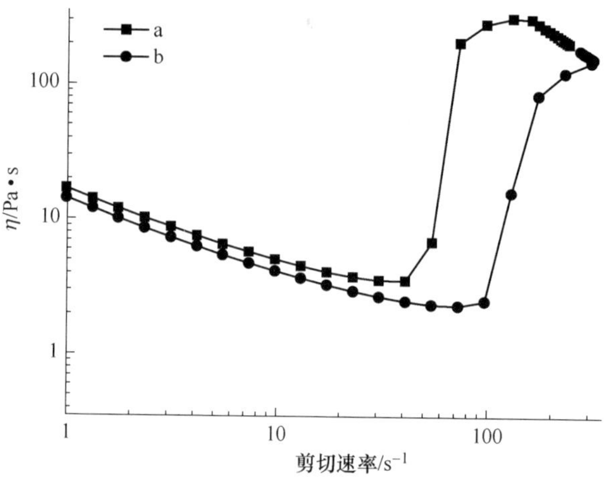


图 3-10　介孔 $SiO_2$/PEG 体系的可逆性分析

45%、55%的介孔 $SiO_2$/PEG 悬液的稳态剪切流变曲线。结果显示，四种分散相浓度下，均表现出先剪切变稀，后剪切增稠的效果。不难发现，随着介孔二氧化硅分散相浓度的增大，流变曲线的临界剪切速率逐渐提前，且最大剪切黏度逐次增大，与图 3-10 的结论规律一致。

对比图 3-11 和图 3-12，分散相浓度 55%的介孔 $SiO_2$/PEG 体系临界剪切速率只有 $2s^{-1}$，最大剪切黏度增至 140.4Pa · s；而分散相浓度 58%的普通 $SiO_2$/PEG 体系临界剪切速率为 $102s^{-1}$，最大剪切黏度仅为 10Pa · s，结果表明介孔二氧化硅体系的最大剪切黏度远大于普通二氧化硅体系。相关研究也存在普通 $SiO_2$/PEG 体系的最大剪切黏度不高的问题，如文献用普通亚微米级的二氧化硅分散聚乙二醇制备的 68%的 STF，临界剪切速率为 $20s^{-1}$，最大剪切黏度也仅为 30Pa · s。

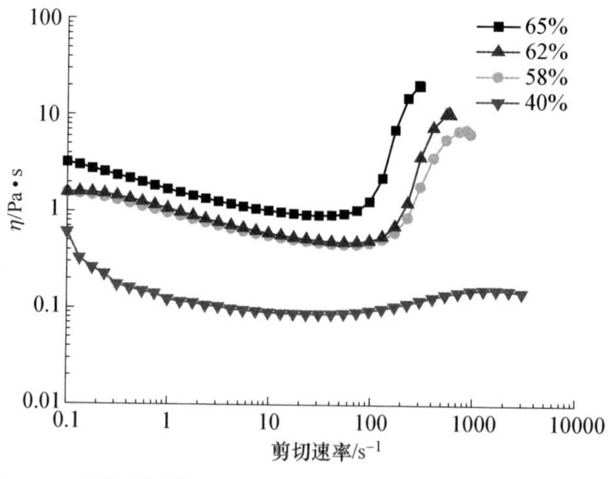


图 3-11　不同分散相浓度普通 $SiO_2$/PEG 体系的稳态流变曲线

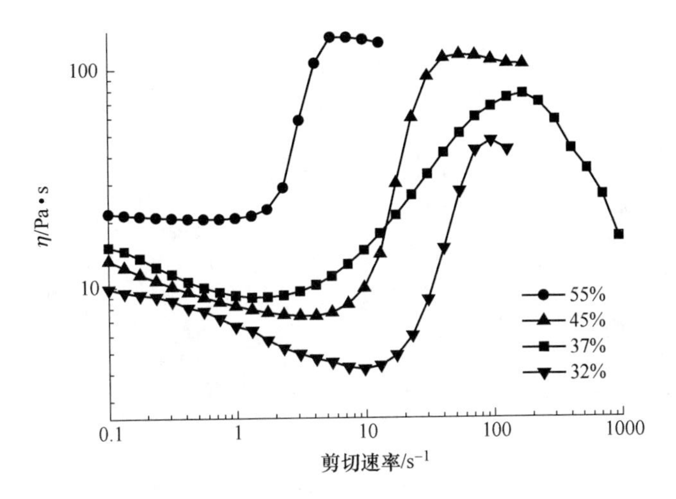


图 3-12 不同分散相浓度介孔 $SiO_2$/PEG 体系的稳态流变曲线

综上，对比讨论图 3-11 和图 3-12 得出的结论，本书以合成的介孔 $SiO_2$ 为分散相，制备的剪切增稠液的特征之一为在较低的分散相浓度下，即可实现良好的剪切增稠效果，且性能较普通的 $SiO_2$/PEG 有显著的提高。原因是介孔 $SiO_2$ 表面丰富的硅羟基有利于粒子簇的形成。

### 3.3.2.4 粒子比表面积对流变性能的影响

本小节以研究二氧化硅粒子比表面积对流体剪切增稠性能影响为目的，试验保证其他条件一致，分别以模板剂 CATB 用量和 NaOH 用量为单一变量，合成了两组具有不同比表面积的介孔二氧化硅粒子，并以此为分散相，PEG200 为分散介质，制备了浓度均为 45%的 STF，以最大剪切黏度为主要性能指标，探究了粒子比表面积对流体剪切增稠性能的影响。

A CATB 用量对剪切增稠性能的影响

图 3-13 为试验通过控制变量法，调节 CATB 用量合成的三种介孔 $SiO_2$ 的透射电镜形貌图。由图 3-13 可看出，随着模板剂 CATB 用量的增加，粒子保持单分散的球状不变，且形貌基本稳定，从图可观察到球体表面均覆盖规整的介观结构。其中，当模板剂 CATB 用量较小，在本试验中具体用量为 0.7g、1g 时，所合成的粒子介孔结构有序度非常高且布满球体，但是当模板剂用量增加到 1.2g 时，所合成的介孔二氧化硅表面孔结构虽可现清晰孔阵列，但相较于其他两组，其有序性稍显紊乱，这是因为 CATB 用量较大时，一方面在用 HCl 的甲醇溶液清洗模板剂时，孔道内有所残留；另一方面增大模板剂用量，也改变了活性剂聚集参数，相应的产物相结构亦随之改变。

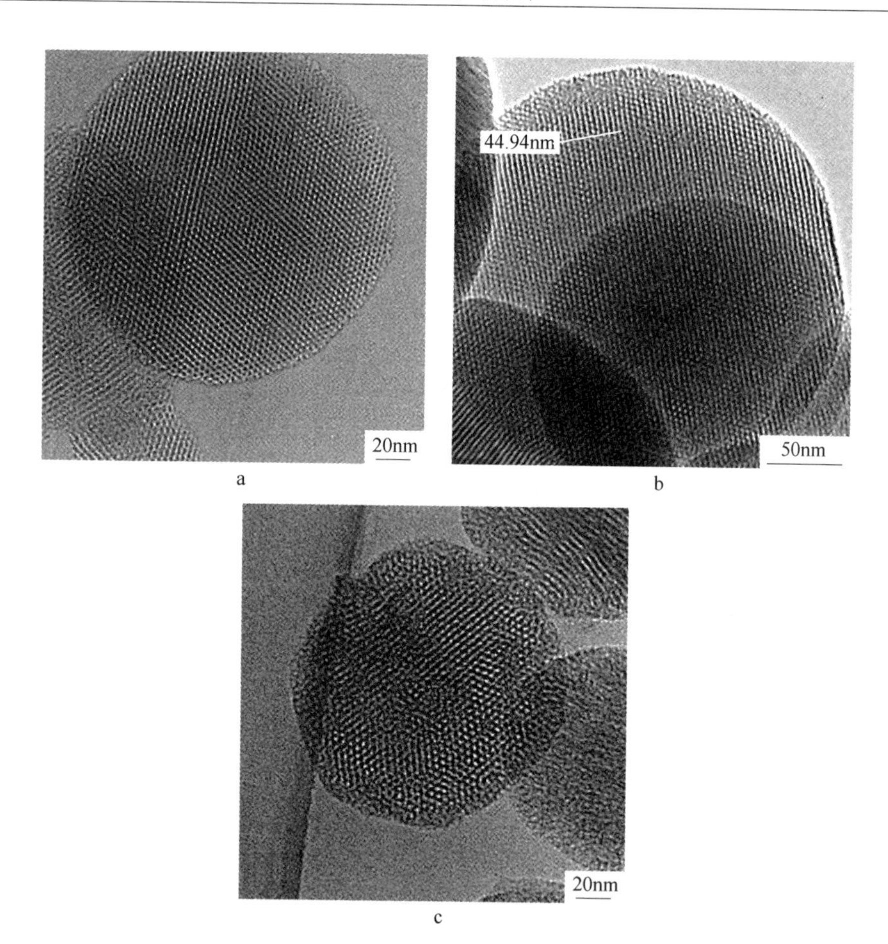


a b c

图 3-13　不同 CATB 用量下合成的介孔 $SiO_2$ 的 TEM 形貌图

a—0.7g；b—1g；c—1.2g

从图 3-14 可以明显看出，三种 CATB 用量下合成的介孔 $SiO_2$ 小角衍射峰位置大致一致。在 $2\theta=2°$ 附近均有明显的峰，这说明三类介孔 $SiO_2$ 具有相同的介孔结构，结合图 3-13 的 TEM 形貌图可知介观结构为高度有序的六方孔型。CATB 用量为 0.7g 和 1g 时的 XRD 曲线的 1～3 级峰几乎完全同步，根据布拉格方程 $2d\sin\theta=n\lambda$ 计算得 $1/d=1:\sqrt{3}:2$，通过对照标准图谱可知合成的材料是介孔二氧化硅。三条衍射曲线的差别在于 0.7g 和 1g 对应的衍射图在 $2\theta=4°$ 以后依次出现明显的 2 级、3 级峰，而 1.2g 对应的衍射图则不然，1 级峰不是特别尖锐，2 级、3 级峰，随着 CATB 用量增加，衍射角往大角度蔓延。从上述理论分析得出结论：随着模板剂 CATB 的用量增加，介孔规整度会弱化。

图 3-15 为三组 CATB 用量下合成的介孔二氧化硅在 $P/P_0=0～1$ 的等温吸脱附曲线，图 3-16 为相应的由 BJH 法计算得出的孔径分布曲线。由等温吸附曲线

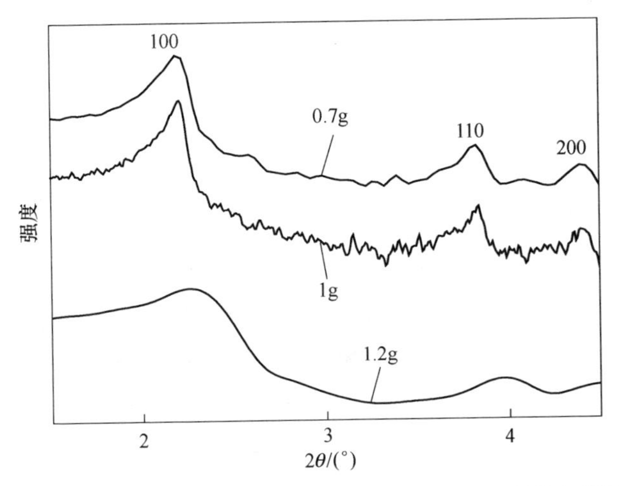


图 3-14 不同 CATB 用量下合成的介孔 $SiO_2$ 的 X 射线衍射图

图 3-15 看出，三组样品的等温吸附线均为Ⅳ型，且均无滞后环，表明材料为孔道规则可循的介孔材料。但三组曲线有明显的区别，0.7g CATB 对应的等温吸附曲线在 $P/P_0$=0.3~0.4 有吸附台阶，说明此处吸附介孔分布非常集中，对照图 3-16a，孔径分布曲线在 2.84nm 处的尖峰显示集中分布的介孔；1g CATB 对应的等温吸附曲线坡度非常缓和，说明该条件下合成的介孔二氧化硅的孔可能存在微孔，且孔道分布非常规则均匀且孔道干净，对应的孔径分布图 3-16b 在 2nm 以下也有宽峰，进一步表明该条件下合成的粒子表面有微孔；1.2g CATB 对应的等温吸附曲线接近于Ⅰ型，表明其对应的材料为微孔材料，从图 3-16c 可看出，孔径分布曲线仅有介孔分布的一支，而微孔分布曲线在设定的测试条件内无法测定，这是因为加大模板剂 CATB 用量导致其在水系中形成更多的分散胶束，同时小胶束更多，因此形成了较多微孔。

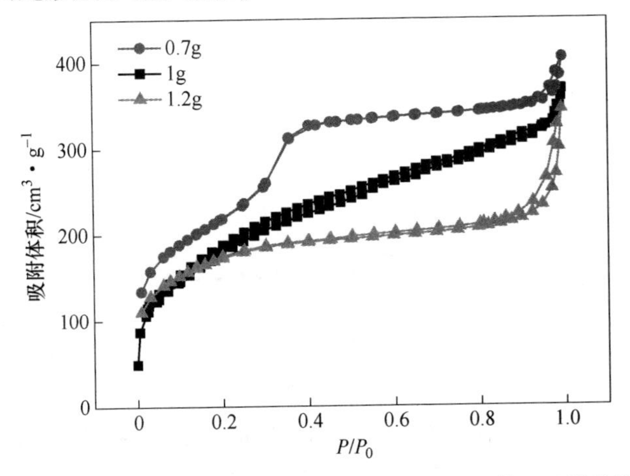


图 3-15 不同 CATB 用量下合成的介孔 $SiO_2$ 的等温吸附曲线

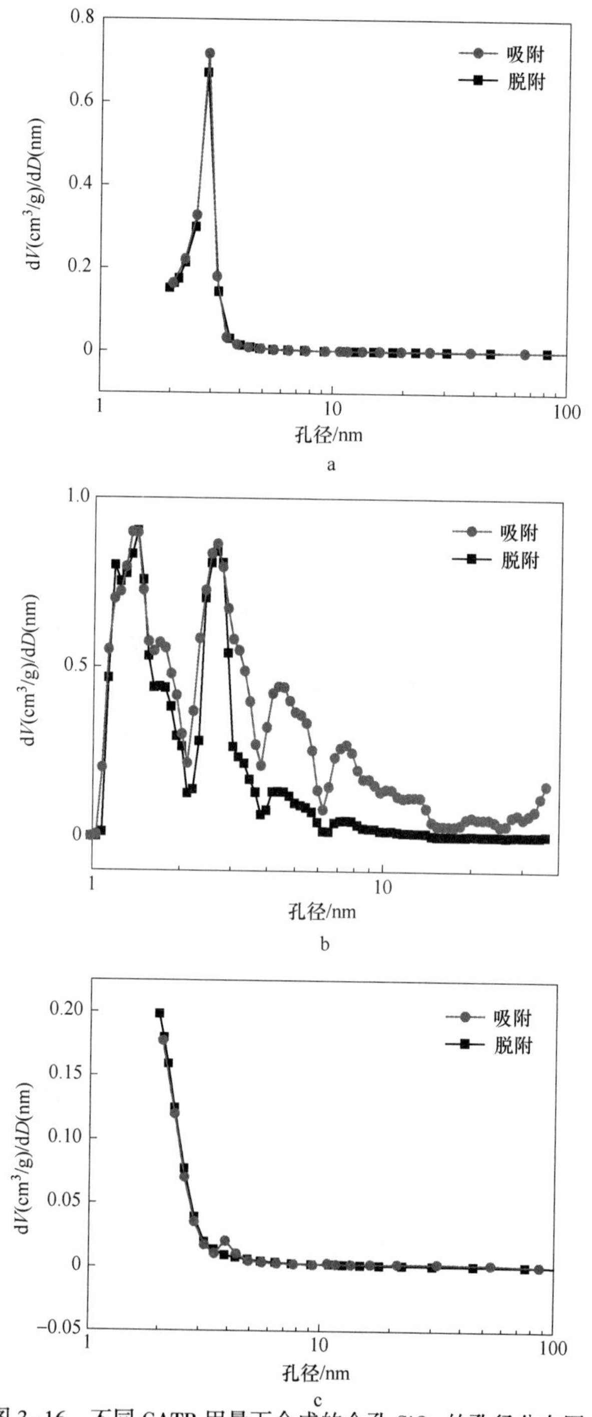


图 3-16　不同 CATB 用量下合成的介孔 $SiO_2$ 的孔径分布图

a—0.7g；b—1g；c—1.2g

图 3-17 是 CATB 用量对流体流变性能的影响图。由图可以看出，显而易见的规律为随着 CATB 用量的增大，流体的剪切增稠性能减弱，具体表现为最大剪切黏度减小。CATB 用量为 0.7g 时，其初始黏度较其他两组略大，也表现出比另两组更显著的剪切变稀现象，但最大剪切黏度在三组中位列第一，为 147.7Pa · s，原因在于该组介孔 $SiO_2$ 比表面积最大，因此会有更多活性基团暴露在外表面，这便导致初始黏度较大，剪切增稠发生时形成更多的“粒子簇”，且内聚力更大，对流体水动力造成更大的阻碍作用；CATB 用量为 1g 对应的曲线，剪切增稠从 $3s^{-1}$开始发生，最大剪切黏度增至 115Pa · s；CATB 用量增大至 1.2g 时，孔道残留 CATB 使得比表面积降低，则粒子在 STF 体系中的作用力较弱，同理，发生剪切增稠时形成的“粒子簇”内聚力也较弱，因此该组 STF 的剪切增稠性能明显降低，临界剪切速率为 $85s^{-1}$，最大剪切黏度也较另两组为小，仅 72Pa · s。

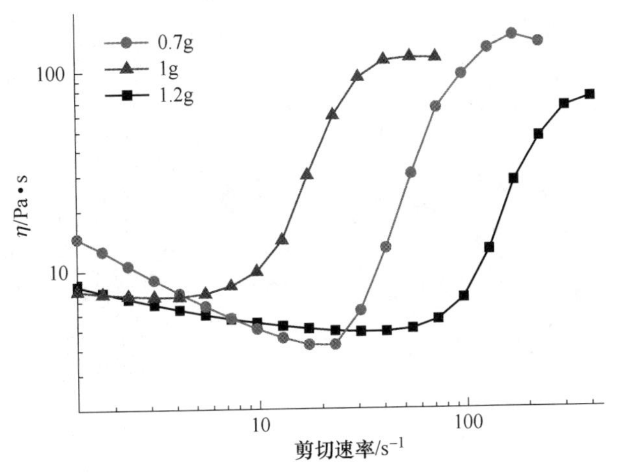


图 3-17 CATB 用量对流体流变性能的影响

表 3-4 为不同 CATB 用量下介孔 $SiO_2$ 与 STF 有关参数，由表中数据分析可知，CATB 用量改变对介孔 $SiO_2$/PEG 体系的剪切增稠性能作用机理在于改变比表面积。比表面积越大，介孔二氧化硅粒子暴露在外的活性羟基点越多，则粒子表面能越大，这便导致其在流体中更活泼，因此在较小的剪切应力作用下，布朗作用即可被打破，随后形成的“粒子簇”反而越坚固，因为活性羟基点越多，介孔 $SiO_2$ 粒子间作用力越强，便会聚集成更多的“粒子簇”，形成的氢键越多，增大了“粒子簇”的内聚力，对流体水动力造成更大的阻碍作用，宏观表现为最大剪切黏度越大。

**表 3-4 不同模板剂用量下的介孔 $SiO_2$ 与 STF 参数**

| CATB 用量/g | 分散相浓度/% | 比表面积/$m^2 \cdot g^{-1}$ | 孔径/nm | 孔体积/$cm^3 \cdot g^{-1}$ | 最大剪切黏度/Pa · s |
|---|---|---|---|---|---|
| 0.7 | 45 | 788.54 | 3.2982 | 0.6 | 147.7 |

续表 3-4

| CATB 用量/g | 分散相浓度/% | 比表面积/$m^2 \cdot g^{-1}$ | 孔径/nm | 孔体积/$cm^3 \cdot g^{-1}$ | 最大剪切黏度/Pa · s |
|---|---|---|---|---|---|
| 1 | 45 | 655.405 | 2.22 | 0.379 | 115 |
| 1.2 | 45 | 543.45 | 2.1325 | 0.307 | 72 |

B　NaOH 用量对剪切增稠性能的影响

图 3-18 为试验控制其他因素不变，通过调节 NaOH 用量合成的两组介孔二氧化硅的透射电镜形貌图。外观形貌显示，两组不同 NaOH 用量下合成的介孔 $SiO_2$ 表面均布满高度有序的孔，表明合成的这种介孔二氧化硅具有很高的表面活性和比表面积。

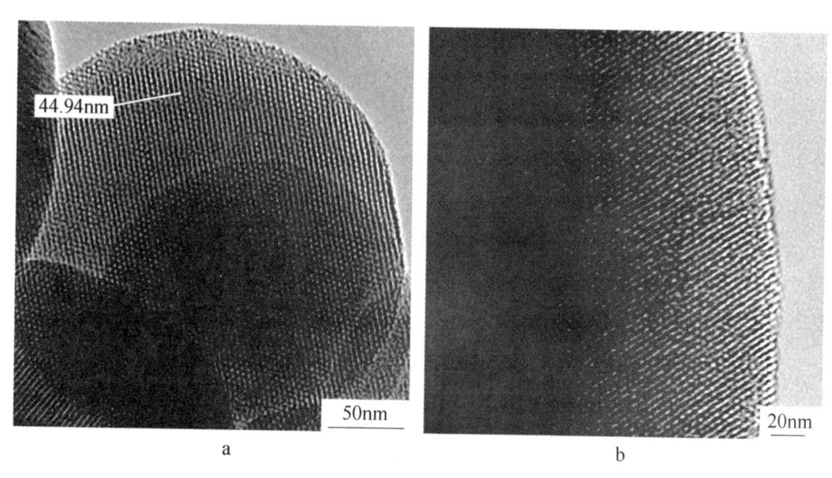


图 3-18　不同 NaOH 用量合成的介孔 $SiO_2$ 的透射电镜形貌图

a—4mL；b—6mL

图 3-19 为 NaOH 用量分别为 4mL、6mL 的条件下合成的介孔 $SiO_2$ 在 $2\theta = 0° \sim 5°$的 X 射线衍射曲线。由图可知，两组曲线的峰位置以及峰面大小相差无几，这表明不同 NaOH 用量下合成的两组介孔 $SiO_2$ 具有一致的介孔结构，包括孔型、孔分布，且两组样品均有高度有序的介观结构。但 4mL NaOH 对应的衍射曲线的衍射峰位置比 6mL 对应曲线的衍射峰位置靠前，这就说明试验用 4mL NaOH 比 6mL NaOH 合成的介孔二氧化硅表面的介观结构更规整，更有序。这是因为 6mL NaOH 的合成体系中，$OH^-$浓度较大，导致有部分吸附在硅胶束微粒表面，使其表面带负电而与带正电的模板剂 CATB 发生作用，引发沉积反应，形成的复合胶束模板进一步在二氧化硅表面成孔，因此 6mL NaOH 合成的介孔二氧化硅比表面积更大，有关参数见表 3-5。

本小节的研究同 3.3.2.4 节中的 A 小节并行展开，以研究介孔 $SiO_2$ 比表面积对 STF 剪切增稠性能的影响为目的。本节通过控制 NaOH 用量为单一变量，合成了两组具有不同表面结构的介孔 $SiO_2$。图 3-20 为以合成的两组介孔 $SiO_2$ 为分散相，制备的分散相浓度 45%的 STF 的稳态流变曲线，很显然，6mL NaOH 合成的介孔 $SiO_2$ 的 STF 剪切增稠性能优于 4mL NaOH 对应的体系。结合表 3-5，前者由于分散相粒子比表面积较大，必然有更多的活性 Si—OH 裸露在外，流体内部作用力会更大，因此制备成的 STF 初始黏度更大，同时，比表面积大的介孔 $SiO_2$ 粒子在发生剪切增稠时团聚而成的“粒子簇”内聚力更大，整体极性更强，宏观表现为最大剪切黏度更大，临界剪切速率较后者体系亦偏大，因为 6mL NaOH 合成的介孔 $SiO_2$ 比表面积大，则表面能大，与分散介质间作用力更强，需要更大的剪切应力方可破坏。

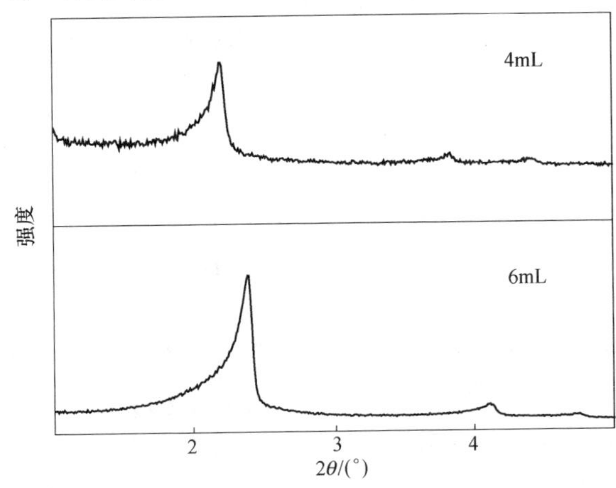


图 3-19 不同 NaOH 用量下合成的介孔 $SiO_2$ 的 X 射线衍射图

**表 3-5 不同 NaOH 用量下的介孔 $SiO_2$ 与 STF 参数**

| NaOH 用量/mL | 分散相浓度/% | 比表面积/$m^2 \cdot g^{-1}$ | 孔径/nm | 孔体积/$cm^3 \cdot g^{-1}$ | 最大剪切黏度/Pa·s |
|---|---|---|---|---|---|
| 4 | 45 | 655.405 | 2.22 | 0.307 | 115 |
| 6 | 45 | 1445.023 | 2.727 | 1.76 | 318 |

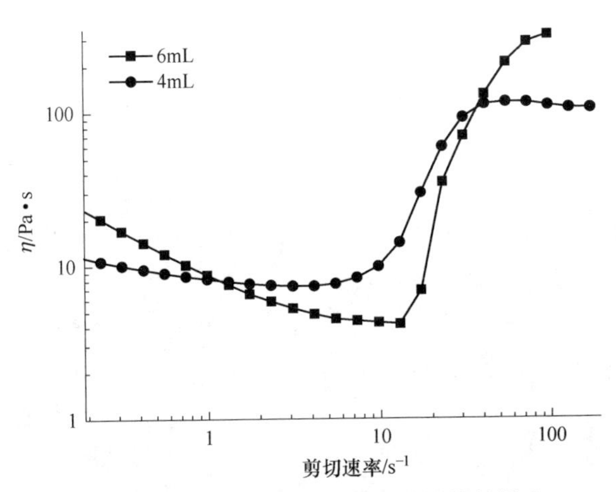


图 3-20 NaOH 用量对流体流变性能的影响

综合分析 3.3.2.4 节中 A、B 小节的结论，调节 CATB 用量及 NaOH 用量均直接影响于产物介孔二氧化硅的比表面积，进而改变了裸露在 $SiO_2$ 表面的活性羟基数量；分析制备的介孔二氧化硅-聚乙二醇的 STF 的流变试验结果，本书发现分散相粒子比表面积越大，剪切增稠性能越强。

### 3.3.2.5　粒子合成温度对流变性能的影响

图 3-21 为三种不同温度下合成的介孔 $SiO_2$ 的透射电镜形貌图。具体制样为将样品超声分散在乙醇中，干燥后观察。从图 3-21 可看出，随着合成温度升高，粒子的形状保持球状不变，因此合成温度并未影响介孔 $SiO_2$ 的粒子形状，均为 200nm 左右的球状粒子。仔细观察其表面介孔分布，不难看出随着温度升高，孔形状的变化也不大，均有高度有序的六方介孔结构。由图 3-21 可以看出，在 80℃、60℃时，这种整齐的介孔结构并非局部结构，而是遍布微球，而 45℃下合成的粒子，其表面六方孔的阵列在粒子边缘处消失。原因在于升高温度可以加大硅酸根离子的缩合聚合程度，进而增大了粒子与模板剂之间的化学作用，更有利于在有机离子与无机离子交界层面生成曲率半径较低的六方介孔结构，而低温下模板剂反应速率较低，导致在有限时间内介孔结构不能充分形成。合成介孔二氧化硅的温度不宜过高，防止破坏内部结构，可见在 80℃以下试验条件适中。

通过 X 射线小角衍射来分析合成的二氧化硅表面孔的有序性。图 3-22 为本节在 0°~5°下扫描得到的三种介孔二氧化硅的 X 射线衍射曲线，三条曲线在 $2\theta=2.3°$处均有明显的峰显示，且峰的位置基本保持一致，这表明三种温度下合成的粒子均具有有序的介孔结构，且均为六方介孔结构，对比三条曲线，80℃和 45℃对应的曲线在相同的三个衍射角度处有三个尖锐的峰，表明介孔结构高度一致，而 60℃对应的曲线无 2 级、3 级峰，且在 $2\theta=2.3°$处的峰不如 80℃的尖锐。以上试验现象表明控制合成温度 80℃以下，温度变化对合成介孔二氧化硅的过程中模板结构产生影响，同时可能会影响粒子表面羟基活性。

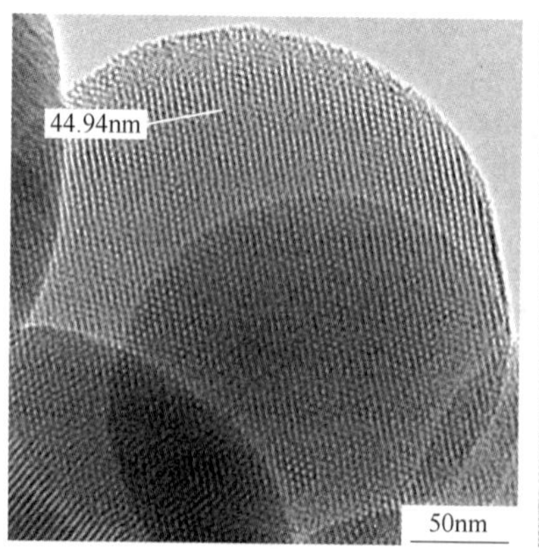

a

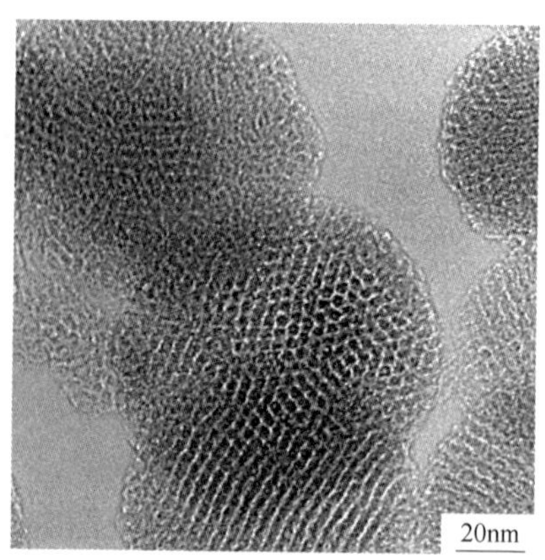

b

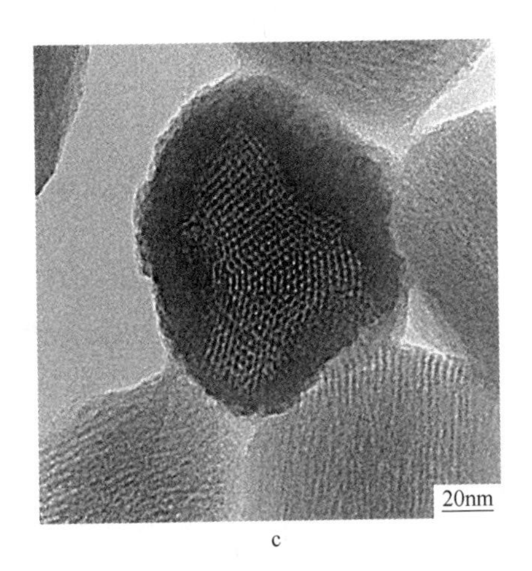


c

图 3-21 不同合成温度下的介孔 $SiO_2$ TEM 形貌图

a—80℃；b—60℃；c—45℃

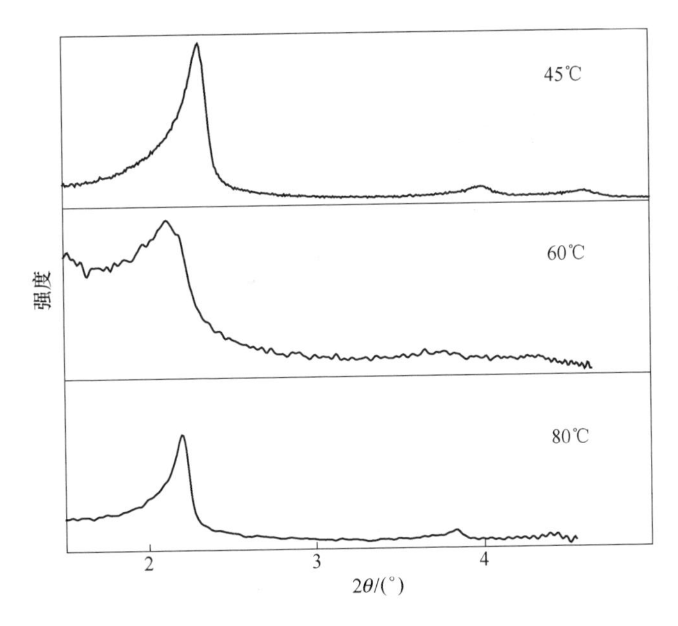


图 3-22 不同合成温度下的介孔 $SiO_2$ 的 X 射线衍射图

图 3-23、图 3-24 为本书通过低温氮气吸脱附法，采用 BET 法、BJH 法计算得到的三种合成温度下的介孔 $SiO_2$ 的等温吸脱附曲线和孔径分布曲线。图 3-23 中三条等温脱吸附曲线均为Ⅳ型等温线，即表明为介孔材料。其中，45℃与 60℃条件下的介孔二氧化硅等温脱吸附曲线在 0.3~0.4$P/P_0$ 出现了明显的吸附台阶，

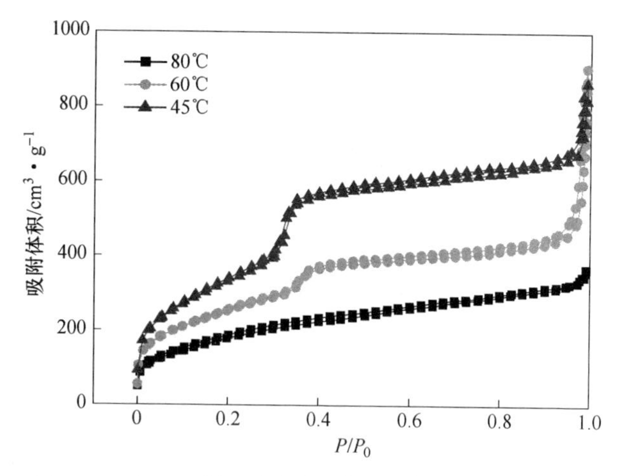


图 3-23　不同合成温度下的介孔 $SiO_2$ 氮气吸脱附等温线

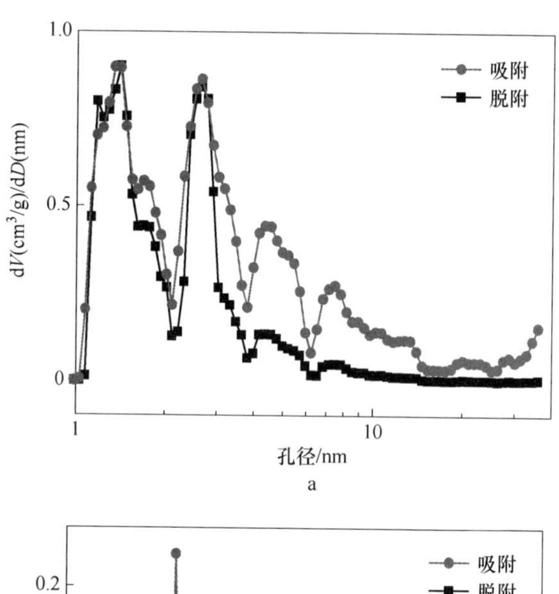


a

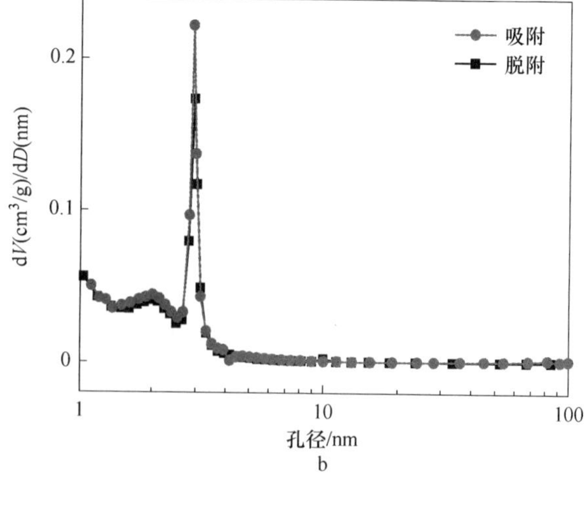


b

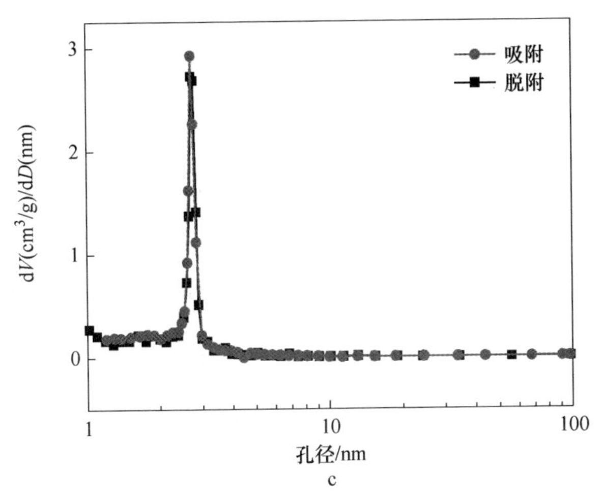


图 3-24 不同合成温度下的介孔 $SiO_2$ 孔径分布图

a—80℃；b—60℃；c—45℃

这说明介孔的含量较高，随着合成温度的升高，等温吸脱附曲线在 $P/P_0$ 处的台阶逐渐减小，合成温度为 80℃时，台阶消失，80℃下的等温线坡度非常缓和，说明 80℃下合成的介孔二氧化硅的孔可能存在微孔，且孔道分布非常规则均匀且孔道干净。三条等温吸脱附曲线均未出现滞后环，这说明三种条件下合成的介孔 $SiO_2$ 孔道均比较干净。

从三种温度下的孔径分布图 3-24 可看出，80℃条件下合成的材料孔径分布极窄，由 BJH 方法计算得在孔径为 1.5nm、2.5nm 处均有宽峰；而相比之下，60℃下的材料在 2.5nm 处的尖峰表明在这种条件下合成孔的孔径较为均匀分布在 2.5nm，同时在 2nm 的位置也有突起；当合成温度为 45℃时，孔径分布在 3nm 处高度集中，与 XRD 图谱相吻合。以上现象表明随着合成温度升高，介孔 $SiO_2$ 的孔径分布会向减小的方向分散，相应的比表面积亦随之减小。

保证其他工艺条件一定，分别在 80℃、60℃、45℃下制备了介孔二氧化硅，并且以此合成了 45%的介孔二氧化硅/聚乙二醇剪切增稠体系。图 3-25 为三种体系的稳态剪切流变曲线。由图 3-25 可知，三种温度条件下合成的粒子为分散相，其 PEG 悬液流变趋势大致相同，均表现出显著的剪切增稠效果。对于 45℃合成的介孔二氧化硅粒子对应的流体，其黏度在 9.77$s^{-1}$开始增长，从 6.2Pa · s 增至 98Pa · s；60℃合成的粒子的流体从 7.34$s^{-1}$处开始增稠，黏度从 3.99Pa · s 增至 113Pa · s；80℃合成的粒子对应的流体从 4.14$s^{-1}$初开始增稠，黏度从7.376Pa · s 增至115Pa · s。可见，随着介孔二氧化硅粒子合成温度的升高，体系剪切增稠效应略有增大，但无太大差异。原因在于合成温度越高，介孔二氧化硅表面羟基活性越高，升高合成温度的影响机理在于加速体系内分子热运动，有利于表面活性剂胶束的生成，所以合成的介孔二氧化硅表面的羟基活性较低温时高。这不仅促使介孔二氧化硅“粒子簇”在相对低的剪切速率下更易形成，且内部结构更坚固，同时根据图 3-24 的结论，升高温度缩小了孔径，因此降低了粒子比表面积，根据 3.3.2.4 节的结论，这对于剪切增稠效果有所削弱。宏观表现为随着粒子合成温度升高，所合成的剪切增稠液临界剪切速率降低，最大剪切黏度增大。

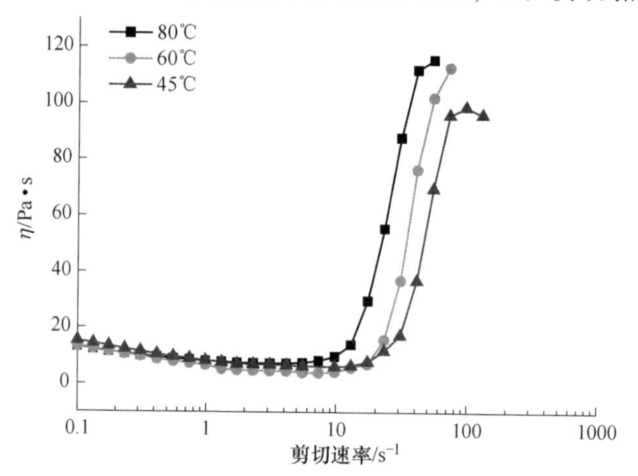


图 3-25　不同合成温度的介孔 $SiO_2$/PEG 体系稳态流变曲线

综上所述，介孔二氧化硅的合成温度对其聚乙二醇悬液的剪切增稠性能产生影响，合成温度越高，剪切增稠性能越好。

#### 3.3.2.6　分散介质对流变性能的影响

图 3-26 为以试验制得介孔 $SiO_2$ 为分散相，分别以 PEG200、PEG400、PEG600 为分散介质合成的三种浓度均为 45%的 STF。随着剪切速率增大，三种流体的黏度变化趋势大致一致，在剪切初始阶段，均有一段剪切变稀的过渡段。达到某一临界速率时，三种体系均能表现出显著的剪切增稠效应，且随着分散介质分子量增大，体系的临界剪切速率逐渐提前，最大剪切黏度也随之增大，但与此同时初始黏度也变大。从分子角度分析，原因在于随着 PEG 分子量增大，连续相 PEG 分子间作用力随之增大，分散相布朗运动减弱，因此在较小的剪切力或剪切速率下，布朗作用即被打破，粒子簇形成；另外随着 PEG 分子量增大，分子链相应增长，形成氢键能连接到的颗粒范围增大，颗粒聚集程度增大，形成的网状结构粒子簇也就越大，因此最大剪切黏度亦随之增大。

#### 3.3.2.7　粒状对流变性能的影响

已合成的分散相介孔 $SiO_2$ 均为球状，且球径大致相同，基于本章已得到的试验结论，试验制备了一系列不同 $R$(代表复合模板剂中阴离子表面活性剂占比)

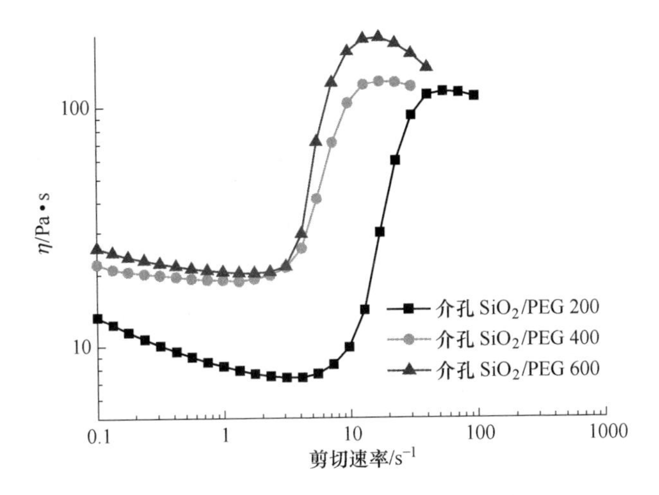


图 3-26 分散介质分子量对流体流变性能的影响

值的复合模板的介孔二氧化硅，并发现 *R* 值改变了粒子的形状，本小节内容以此为分散相，制备了一系列聚乙二醇悬液，并通过对其稳态流变性能加以表征，研究了粒状对流体剪切增稠性能的影响。

阴阳离子表面活性剂复合模板的生成机理在于阴离子表面活性剂在体系中形成带负电的胶束，与表面带正电的阳离子表面活性剂通过库仑力协同组装成复合模板剂，在溶液中诱导硅源水解，最终生成不同形状的各向异性的介孔 $SiO_2$ 粒子。

由图 3-27 可以看出，复合模板剂中的 SDS 比例较小 $R_{SDS}=0.01$ 时，与纯 CATB 模板合成介孔 $SiO_2$ 相比形貌改观不明显，$R_{SDS}=0.03$ 时，粒子尚保持基本的球状，但表面的规则六方孔条纹状孔道相对清晰，当 SDS 的比例达到 0.1 时，介孔 $SiO_2$ 粒子由原先的球状变为棒状，此条件下的粒子在轴向拉伸得尚不够长，甚至有部分粒子仍未完全变形为棒状，当 $R_{SDS}=0.15$ 时，首先几乎全部的粒子均已拉伸为棒状，再者从 TEM 图观察，其长径比较前几类也有所增长。之所以出现这种变化，是因为在模板剂中加入阴离子表面活性剂 SDS 后，原先体系中形成的作用于纯 CATB 上的硅源水解物变得不稳定，开始向轴向拉伸而降低表面能以达到稳定。结合 XRD 衍射图看来，随着混合模板剂中 SDS 的比例逐次增大，主要衍射峰的位置几乎不变，这表明孔的有序度改变不大，孔型仍为六方形孔。

图 3-28 给出了 $R_{SDS}=0.01\sim0.1$ 区域内合成的介孔二氧化硅的 X 射线小角衍射曲线，由图可知，很显然随着复合模板中阴离子表面活性剂的比例增大，孔的有序度在降低，当 $R_{SDS}=0.1$ 时，合成的粒子已无介孔结构，这说明在粒子由球状变棒状的拉伸过程中，介孔结构也遭到破坏。

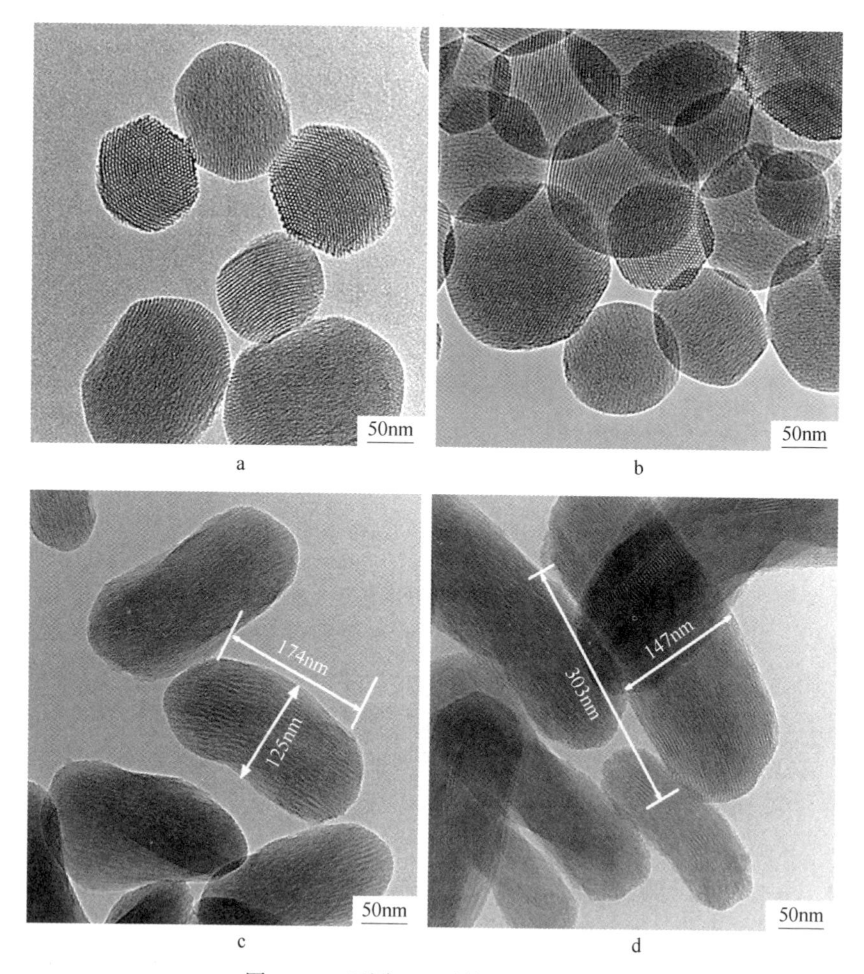


图 3-27　不同 $R_{SDS}$ 下的 TEM 形貌图

a—$R_{SDS}=0.01$；b—$R_{SDS}=0.03$；c—$R_{SDS}=0.1$；d—$R_{SDS}=0.15$

由图 3-29 可知，$R_{SDS}=0.01$ 对应等温吸附曲线呈Ⅳ型，代表着样品是介孔材料。显然 $R_{SDS}=0.01$ 时在 $P/P_0=0.28$ 处出现吸附台阶，伴随出现的是一个较大的滞后环，对应的孔径为 2.8nm，由图 3-30 可知，孔分布较窄。相比之下，$R_{SDS}=0.1$ 对应的粒子等温吸附曲线在 $P/P_0=0.28$ 处的吸附台阶较小，且没有滞后环，这表明 SDS 的比例增大，更多表面活性剂胶束生成，会使得介孔孔径收缩。

图 3-31 分别为以 $R_{SDS}=0.01$、0.1、0.15 两种复合模板合成的介孔二氧化硅为分散相所制备的浓度均为 35%的剪切增稠体系的稳态流变曲线。图中三种流体的剪切流变特征同普通 $SiO_2$/PEG 体系类似，均表现为临界点后连续增稠，但两种不同粒状的体系性能悬殊，两种棒状粒子的体系亦性能有所差异。根据图 3-31，三条曲线临界点不相上下，但 $R_{SDS}=0.01$ 的粒子作分散相时，黏度涨幅为

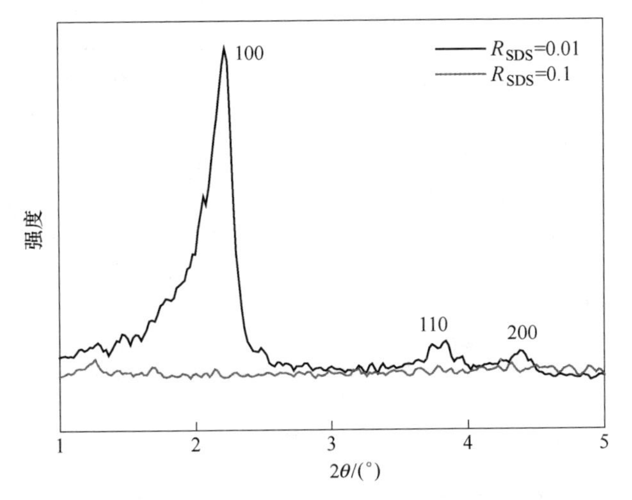


图 3-28 两种 $R_{SDS}$ 下的样品的 X 射线衍射图

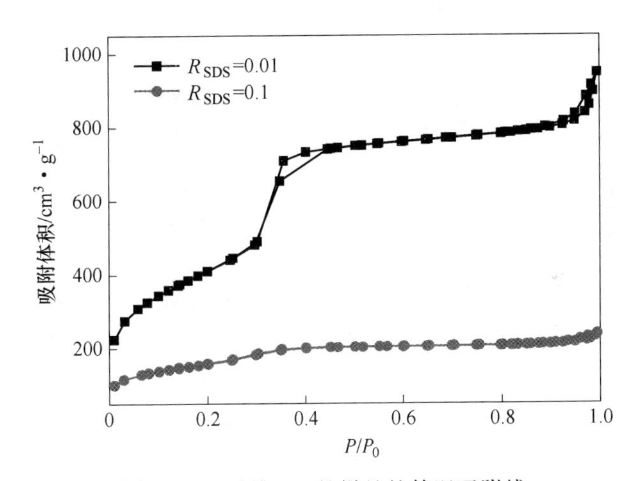


图 3-29 两种 $R_{SDS}$ 的样品的等温吸附线

2 倍，而 $R_{SDS}$ = 0.1 和 $R_{SDS}$ = 0.15 的粒子作分散相的体系黏度增幅高达 10 倍，$R_{SDS}$ =0.1 的棒状粒子对应的流体最大剪切黏度为 51.6Pa · s，$R_{SDS}$ = 0.15 的棒状粒子对应的流体最大剪切黏度为 46.13Pa · s。三种体系的性能差距主要源于粒状的改变，当 $R_{SDS}$ = 0.01 时，粒子为球状，因此表现出的流变特征跟前面研究的介孔二氧化硅粒子体系类似；而对当 $R_{SDS}$ = 0.1 时，在零应力情况下，在聚乙二醇中乱序分散，本身的相互交叉使得其对应的流体初始黏度较大，在剪切速率逐渐增大的过程中，棒状粒子沿剪切方向发生取向排列，所以会比球状粒子体系有更大增幅的剪切变稀过程，当剪切速率达到一定值，棒状粒子的有序阵列会被破坏，反而在剪切场中聚集成簇，而进而黏度增大；$R_{SDS}$ = 0.15 条件下合成的粒子为分散相制备的 STF，其剪切流变特征与 $R_{SDS}$ = 0.1 合成的粒子体系几乎一致，

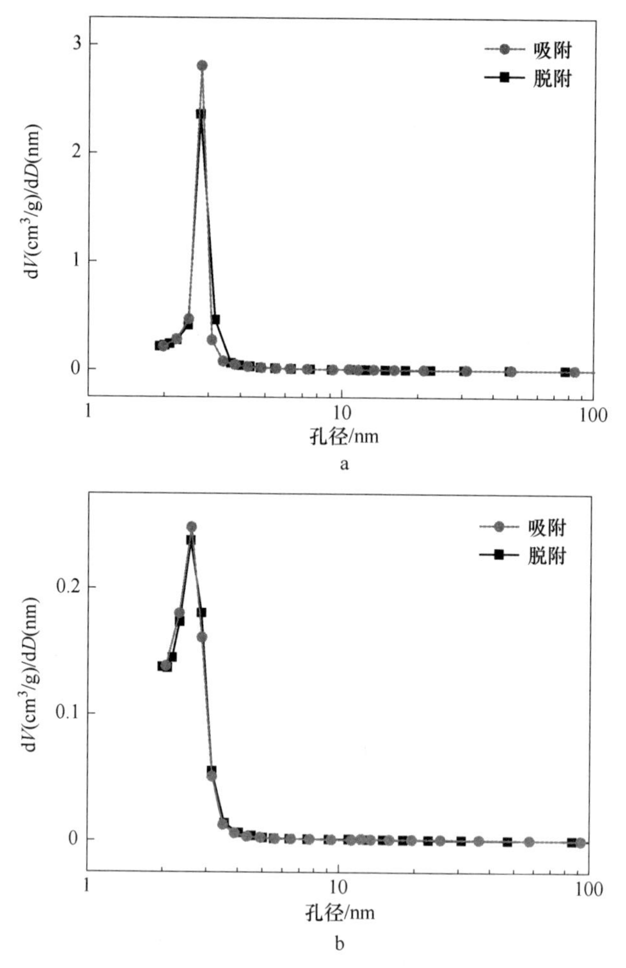


图 3-30　两种 $R_{SDS}$的样品的孔径分布图

a—$R_{SDS}$=0.01；b—$R_{SDS}$=0.1

但性能较之略为逊色，可见对于棒状粒子为分散相的颗粒流体，长径比对剪切流变性能产生影响，具体作用规律见表 3-6。

**表 3-6　不同 $R_{SDS}$下的介孔 $SiO_2$ 与 STF 参数**

| $R_{SDS}$ | 分散相浓度/% | 粒状 | 长径比 | 最大剪切黏度/Pa · s |
|---|---|---|---|---|
| 0.01 | 35 | 球 |  | 42.92 |
| 0.1 | 35 | 棒 | 1.392 | 51.6 |
| 0.15 | 35 | 棒 | 2.06 | 46.13 |

总之，棒状粒子制备的流体剪切增稠性能优于球状粒子制备的流体，因为棒状的粒子在发生剪切增稠时形成的“粒子簇”具有更强烈的各向异性，对体系

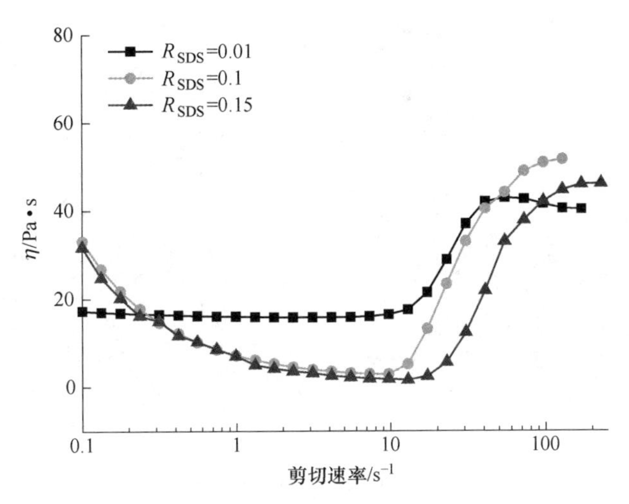


图 3-31 不同 $R_{SDS}$ 合成的介孔 $SiO_2$ 的 STF 剪切流变曲线

的流体水动力造成更大的阻碍作用，因此剪切最大黏度会更大。

由图 3-32 可知，同 SDS/CATB 复合模板的情况类似，当 SDBS 在与 CATB 的复合模板中占比较低，在本试验中占比为 0.01 时，粒子依旧保持 200nm 左右的球状，且表面的高度有序六方介孔清晰可见，当 $R_{SDBS}=0.03$，粒子开始轴向伸展，表面的六方孔亦随之被拉伸为孔道，但竹节状内部仍可看出不规则的球形。机理在于阴离子表面活性剂的加入提高了组装复合模板的活性，硅源水解后在模板剂胶束形成的球状表面能量较高，导致轴向伸展。原因如图 3-32c 所示，进一步提高 SDBS 比例至 0.1，球状介孔二氧化硅粒子已消失殆尽，全部成为一侧内凹的蠕虫状，且孔道均匀地顺着扇形的舒展方向拓展开来，沿着扇形圆心向周侧均匀排阵。$R_{SDBS}$ 提高到 0.15 时，粒状又回归球状，且球径较 $R_{SDBS}=0.01$ 时无太大差异，但仔细观察可以看出，粒子中心部分六方孔阵列较为有序，但边缘部分的较为紊乱。

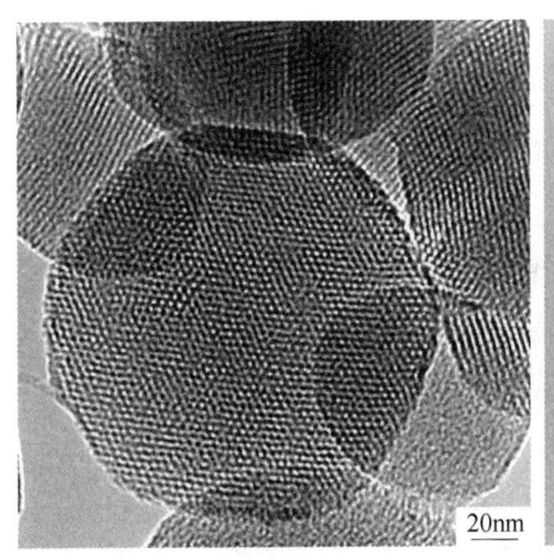


a

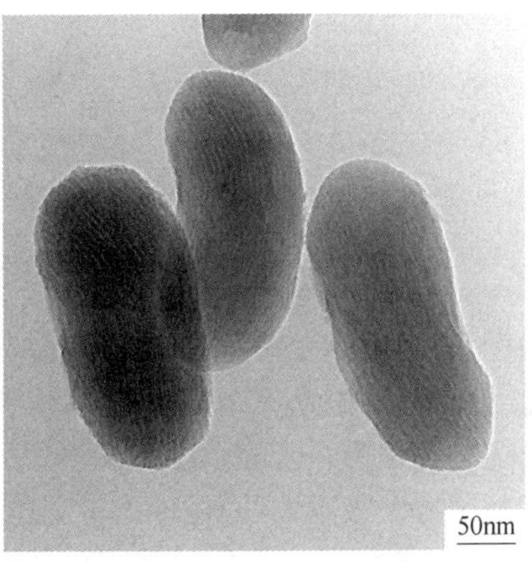


b

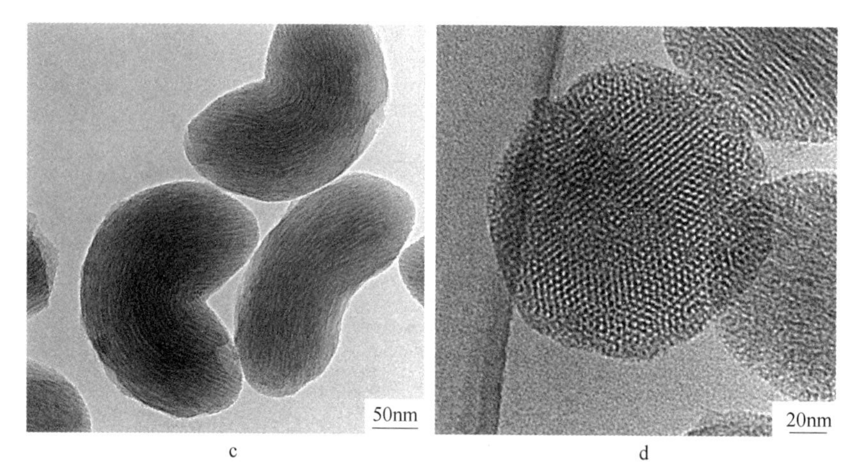


图 3-32　不同 $R_{SDBS}$ 下的透射电镜形貌图

a—$R_{SDBS}=0.01$；b—$R_{SDBS}=0.03$；c—$R_{SDBS}=0.1$；d—$R_{SDBS}=0.15$

图 3-33 给出了 $R_{SDBS}=0.01\sim0.1$ 区域内合成的介孔二氧化硅的小角衍射曲线，可见，随着复合模板中阴离子表面活性剂的比例增大，孔的有序度在降低，当 $R_{SDBS}=0.1$ 时，曲线平滑无峰，表明合成的粒子已无介观结构，这说明在粒子由球状变棒状的拉伸过程中，原先的六方孔结构也遭到破坏。

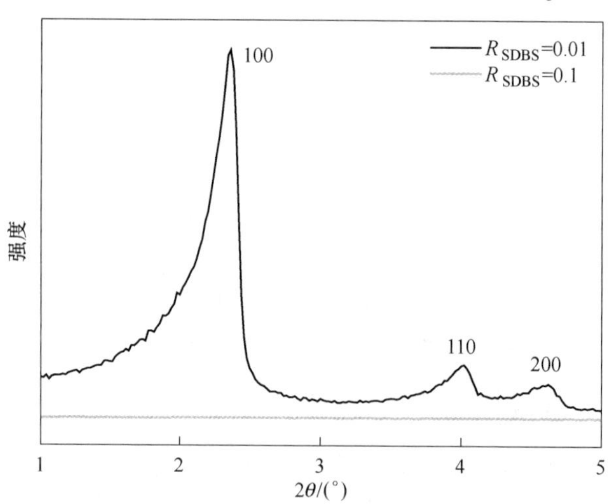


图 3-33　两种 $R_{SDBS}$ 的样品的 X 射线小角衍射曲线

由图 3-34 可知，两种条件下等温吸附曲线均呈Ⅳ型，代表着介孔材料。显然 $R_{SDBS}=0.01$ 时在 $P/P_0=0.28$ 处出现吸附台阶，伴随出现的是一个较大的滞后环，对应的孔径为 2.8nm，由图 3-35 可知，孔分布较窄。相比之下，$R_{SDBS}=0.1$ 对应的粒子等温吸附曲线在 $P/P_0=0.28$ 处的吸附台阶较小，且没有滞后环，这表明 SDBS 的比例增大会使得介孔孔径收缩。

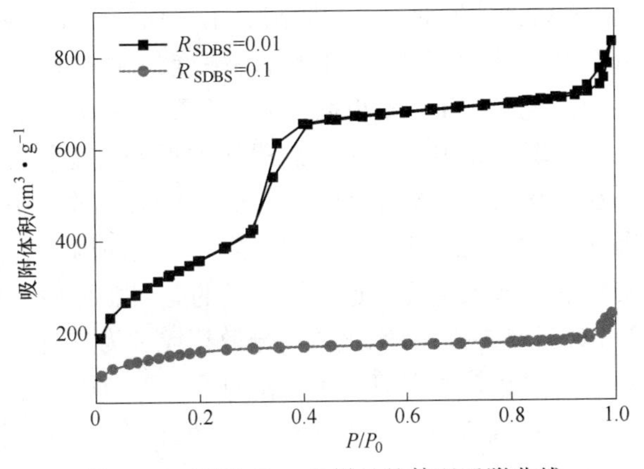


图 3-34 两种 $R_{SDBS}$ 的样品的等温吸附曲线

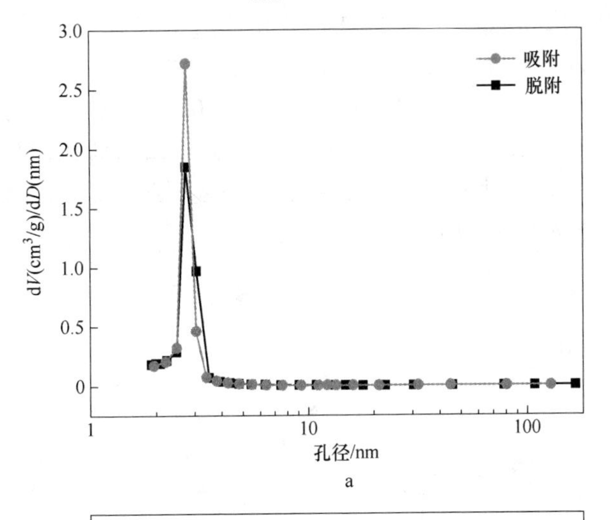


a

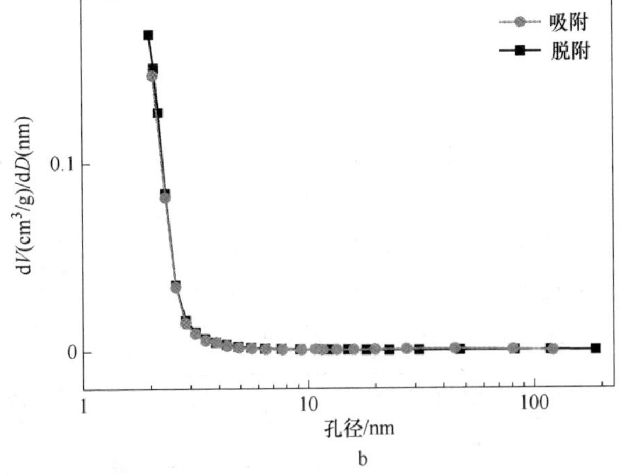


b

图 3-35 两种 $R_{SDBS}$ 的样品的孔径分布图

a—$R_{SDBS}$ = 0.01；b—$R_{SDBS}$ = 0.1

图 3-36 是以纯 CATB 模板剂及不同阴阳离子表面活性剂比例的 SDBS/CATB 复合模板合成的介孔 $SiO_2$ 粒子为分散相制备的浓度为 37%的 STF 的剪切流变曲线。其中，曲线 a 为以纯 CATB 为模板剂合成的介孔 $SiO_2$ 为分散相制备的 37%的 STF 剪切流变曲线，表现为先剪切变稀，后剪切增稠的流变特征；曲线 b、c、d 分别为以 $R_{SDBS}=0.01$、0.1、0.15 时合成的介孔 $SiO_2$ 为分散相制备的 37%的 STF 剪切流变曲线，其 STF 参数见表 3-7。显然，曲线 c 表现出最突出的剪切增稠效果，其特征在于初始黏度较大，经历过一段明显的剪切变稀后，黏度骤增，且增幅可达将近 10 倍，对照图 3-32 可知该体系分散相粒子为具有一定曲率半径的棒状，因此，该体系的分散相粒子在剪切应力作用下，需经历完全取向排列—取向破坏— “棒状粒子簇” 的排布转变。可见，复合模板合成的棒状粒子为分散相的体系剪切增稠效果明显优于纯 CATB 为模板合成的球形介孔 $SiO_2$ 对应的体系。而对于 $R_{SDBS}=0.01$，$R_{SDBS}=0.15$ 的两种介孔 $SiO_2$ 分散体系，其与纯 CATB 模板的介孔二氧化硅分散体系的黏度变化走势基本一致，且最大剪切黏度也相差无几，这是因为在合成介孔二氧化硅时，$R_{SDBS}=0.01$ 时，对合成的介孔 $SiO_2$ 粒子的形状和表面性能影响较小，$R_{SDBS}=0.15$ 时，粒子回归球状，与 $R_{SDBS}=0.01$ 相似，故流变性能相似。图 3-36 得到的结论进一步证明了，相较于球状粒子，棒状粒子作分散相，流体剪切增稠效果更好。

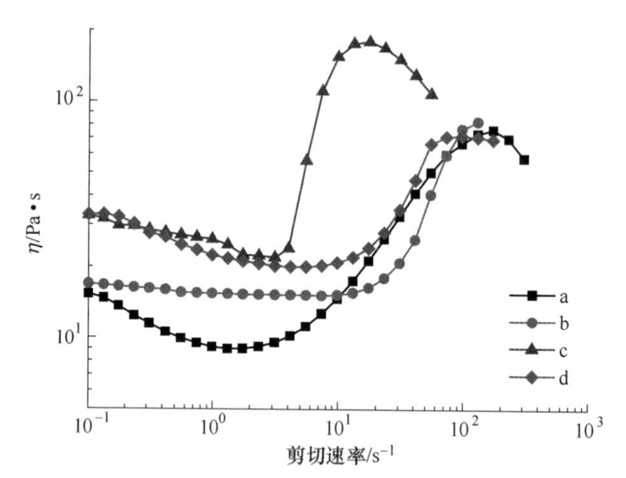


图 3-36　不同工艺参数合成的介孔二氧化硅/PEG 体系的稳态流变曲线

a—纯 CATB 模板；b—$R_{SDBS}=0.01$；c—$R_{SDBS}=0.1$；d——$R_{SDBS}=0.15$

**表 3-7　不同 $R_{SDBS}$ 下的介孔 $SiO_2$ 与 STF 参数**

| $R_{SDBS}$ | 分散相浓度/% | 粒状 | 最大剪切黏度/Pa · s |
|---|---|---|---|
| 0.01 | 37 | 球 | 77.9 |
| 0.1 | 37 | 棒 | 177 |

续表 3-7

| $R_{SDBS}$ | 分散相浓度/% | 粒状 | 最大剪切黏度/Pa·s |
| --- | --- | --- | --- |
| 0.15 | 37 | 球 | 72 |

### 3.3.3 小结

本章以 CATB 为模板剂，合成了一种具有高度有序介观结构的介孔二氧化硅，透射电镜显示这种孔呈规则的六方形孔，以此为分散相制备了一系列流体，进行了系统化的研究。

(1) 对比分析了介孔 $SiO_2$ 与普通 $SiO_2$ 为分散相的流体的剪切流变性能，稳态流变曲线及动态模量曲线表明，相比于普通 $SiO_2$/PEG 体系，介孔 $SiO_2$/PEG 体系只需要很低的分散相浓度即可实现良好的剪切增稠效果，浓度 37%的介孔 $SiO_2$/PEG 体系，最大剪切黏度可达 72.6Pa·s。介孔二氧化硅/PEG 体系的剪切增稠性能随分散相浓度的增大而提高，且体系具有良好的可逆性。

(2) 采用控制变量法，分别通过调节 CATB 用量为 0.7g、1g、1.2g 和 NaOH 用量为 4mL、6mL 合成了均为单分散球状，但具有不同表面性质的介孔 $SiO_2$，并分别将其制成等分散相浓度的 STF。稳态流变性能测试结果表明，随 CATB 用量增大，合成的介孔 $SiO_2$ 比表面积减小，相应的 STF 性能减弱；随 NaOH 用量增大，合成的介孔 $SiO_2$ 比表面积增大，相应的 STF 性能增强。随着比表面积的增大，流体的剪切增稠性能呈单调递增趋势，NaOH 用量为 6mL 时，合成的介孔 $SiO_2$ 比表面积为 1445.023$m^2$/g，对应的浓度为 45%的 STF 最大剪切黏度可达 318Pa·s。

(3) 采用控制变量法，调节合成温度为 45℃、60℃、80℃合成了具有不同表面性质的三组介孔 $SiO_2$ 粒子，并将其制成等浓度的 STF。稳态流变性能测试结果表明，粒子合成温度越高，对应的聚乙二醇悬液剪切增稠性能越强。

(4) 分别以 PEG200、PEG400、PEG600 为分散介质，合成的介孔 $SiO_2$ 为分散相，制备了浓度为 45%的流体。稳态流变性能测试结果表明，三种流体剪切黏度走势基本一致，但所用聚乙二醇的分子量越大，其配制的流体剪切增稠性能越突出，主要表现为临界剪切点提前以及最大剪切黏度增大，但 PEG400、PEG600 对应的体系初始黏度较大。

(5) 设计了一种阴阳离子表面活性剂复合胶束模板的介孔 $SiO_2$ 合成方案，通过调节复合模板中阴离子表面活性剂（SDS 和 SDBS）占比合成了一系列不同形状的介孔 $SiO_2$，并研究了粒子形状对剪切增稠性能的影响。结果表明，对于等分散相浓度的介孔 $SiO_2$/PEG 体系的 STF，分散相为棒状时，剪切增稠性能较球状时更佳；$R_{SDS}$等于 0.1 时，合成的粒子长径比为 1.392，$R_{SDS}$等于 0.15 时合成的粒子长径比为 2.06，前者对应的 STF 较等浓度的后者性能更强。

## 3.4　不同中和度聚苯乙烯-丙烯酸钠的聚乙二醇悬液剪切增稠性能研究

近几年，有机高分子体系的剪切增稠液正在被不断关注，特别是 BASF 公司用高分子颗粒充当分散相制备出的 STF 具有初始黏度小、剪切增稠度高的优良性能。Kamibayashi 等试验研究了聚氧化乙烯（PEO）/纳米 $SiO_2$ 体系在动态、静态剪切模式的增稠流变行为，得出了 STF 的黏弹性变换规律；叶芳等制备了一种有机粒子体系的剪切增稠悬浮体系，并研究了粒子结构对剪切增稠性能的影响作用。Ye 等还研究了不同表面活性剂对有机高分子剪切增稠体系的性能影响，结果表明表面活性剂可以显著提高增稠性能。高分子颗粒充当分散相越来越受到重视，因为高分子合成技术的发展使得单分散粒子的大批量合成成为可能，而且在合成高分子颗粒的过程中，可以相对容易地对其分子结构、表面性质、硬度以及弹性性质进行控制，从而获得期望的分散相粒子。

苯乙烯容易聚合，且粒子硬度较大，因此聚苯乙烯微球成为功能材料领域一种被广泛研究和应用的高分子微球，但由于具有疏水性和低表面能，使得其用于剪切增稠液分散相受限。表面功能化羟基的纳米微球在多个领域的研究炙手可热，聚合物末端基团功能化已逐渐成为控制高分子表面性质的有用手段。Song 等利用分散聚合的方法将丙烯酸接枝聚合物微球，并测定了表面羧基含量；Li 等首先合成聚苯乙烯微球，然后将丁二酸酐通过傅克酰化反应接枝到微球上，也成功制备了羟基化聚苯乙烯。

剪切增稠体系的最大剪切黏度是此类材料的一项重要性能指标，在遇到外力冲击时，体系黏度变化越大，防护性能就会越好。在前面的工作中，较为系统地研究了介孔二氧化硅-聚乙二醇体系的剪切增稠性能，与普通二氧化硅-聚乙二醇体系相比，该体系的最大剪切黏度已有了大幅提高。为了尝试制备出具有更大黏度变化的剪切增稠体系，本章拟以聚苯乙烯为核，聚丙烯酸为壳，合成一种表面极性更强、活性更高的有机核壳状分散相粒子，并系统研究其剪切增稠性能。

### 3.4.1　试验原理

粒子合成在水溶液中进行，疏水的苯乙烯在搅拌过程中会以液滴状分散在丙烯酸的低浓度水溶液中。在引发剂过硫酸钾的作用下疏水性的苯乙烯引发速率大于链增长速率，迅速生成大量带有活性引发剂碎片的自由基，增长到一定聚合度并且达到临界胶束浓度（CMC），即均相聚合成初级核，而高亲水性的丙烯酸聚合链达到一定值后便析出而形成乳胶粒，在聚苯乙烯胶粒周围聚合，最终形成包覆聚苯乙烯核的自聚壳。合成的核壳状粒子表面聚丙烯酸的链很长，因此粒子内部缔合作用很强，悬浮液初始黏度也很大。当剪切应力达到破坏缔合作用的值时，粒子间交联作用主导体系的状态，便表现出剪切增稠效应。

### 3.4.2 结果与讨论

#### 3.4.2.1 两种工艺对剪切增稠性能的影响

图 3-37 为一步法和两步法制备的 PS-AANa 粒子 SEM 图，由图可知，一步法制得的粒子交联情况严重，且单个微球的粒径小于两步法合成的粒子的粒径。这是因为一步法制备过程中，单体和引发剂一次性加入，体系中迅速产生大量初级活性自由引发基，并形成反应活性中心，短链自由基随之形成，由于乳液体系中胶粒数目过于集中，体系中又具有大量羧基，故交联现象产生；而两步合成法活性自由基在种子乳液中分散开来，准备迎接下一步加入的单体，因此聚合稳定性好，最终生产的粒子单分散性较好，且粒径均一。

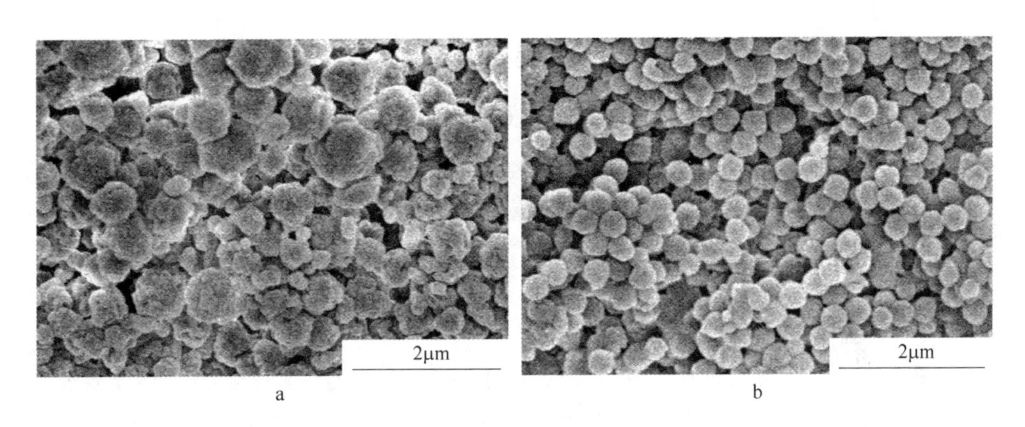


图 3-37 两种工艺合成的 PS-AANa 粒子 SEM 形貌图

a— 一步法；b—两步法

图 3-38 曲线为用两种粒子制备的同等浓度 PEG 悬液的流变性能。从图中看出，以一步法合成的粒子为分散相，制备的剪切增稠液初始黏度较大，达 100Pa·s，且黏度随着剪切速率增大呈单调递减的趋势；相比之下，两步法合成的粒子为分散相的体系在 $200s^{-1}$ 处出现黏度骤增，最大剪切黏度达到 150Pa·s，呈现显著的剪切增稠效应。之所以出现如此差异，原因在于一步法制备的粒子团聚严重，导致在 PEG200 中无法球磨形成均匀的分散体系，而是初始黏度很大的凝胶物，也就无法出现剪切增稠效果。图 3-38 显示两步法粒子单分散性良好，其表面极性基团与 PEG 中羟基形成稳定的氢键，从而使粒子悬浮液稳定，在高剪切作用力下则可出现剪切增稠现象。

综上，本书采用两步无皂乳液聚合法用于后续研究。

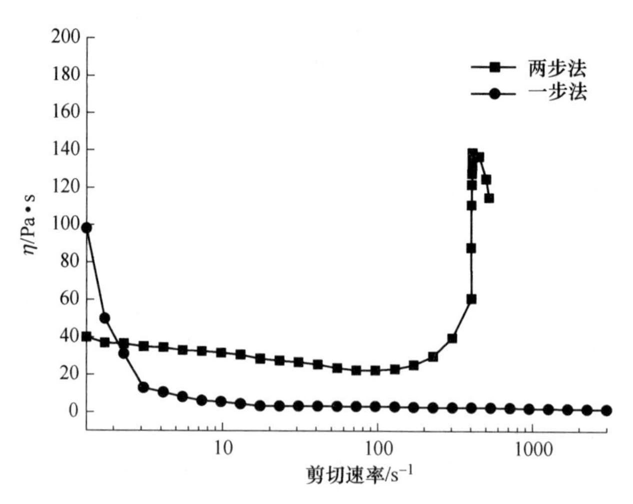


图 3-38　两种工艺制备分散相的流变性能对比

#### 3.4.2.2　不同中和度 PS-AANa 粒子的物性表征

试验采用无皂乳液聚合法，以 $NaHCO_3$ 为中和剂，合成了一系列不同中和度的聚苯乙烯-丙烯酸钠粒子（PS-AANa）。苯乙烯在 55℃ 下减压蒸馏处理，丙烯酸中和液配制方法为：将 $m_1$(g) 丙烯酸溶于 60mL 去离子水，充分搅拌，称取 $A\times m_1\times 84.01/72.06$(g) 碳酸氢钠（$A$ 为中和度，84.01 为碳酸氢钠分子量，72.06 为丙烯酸分子量)，溶于丙烯酸水溶液中，待用。

A　扫描电镜形貌图

图 3-39 依次为六种中和度下合成的 PS-AANa 粒子的 SEM 图。整体观察，几种中和度下合成的粒子粒径均为 250nm 左右。图 3-40 的 TEM 图可清晰地看出合成粒子的核壳结构，内核为具有一定硬度的聚苯乙烯球，在剪切增稠发生过程中，其硬度用以抗击外力；外壳为表面极性较强的聚丙烯酸钠，一方面其极性基团利于形成稳定的悬液，另一方面在剪切增稠发生过程中，极性基团有利于形成稳定的“粒子簇”结构。可以看出，30%中和度下，粒子由于表面羧基密度太大，彼此交联团聚，部分微球结构遭到破坏。40%、45%、50%中和度下合成的粒子外观形貌较为相近，三种粒子都具备球状规则、阵列整齐且表面洁净的特点。60%中和度的粒子排列整齐划一，且形状规则可循，但表面发亮的部分是由于—COONa 浓度较大，导致产生微量离子晶体，随着中和度增大，70%中和度条件下合成的粒子明显表面结晶，且形状的不规则究其原因可能是电荷过于集中，导致未形成均匀的核壳结构。

B　红外光谱分析

如图 3-41 所示，对比三条曲线分析，3250～3000$cm^{-1}$波段处有大面积的吸

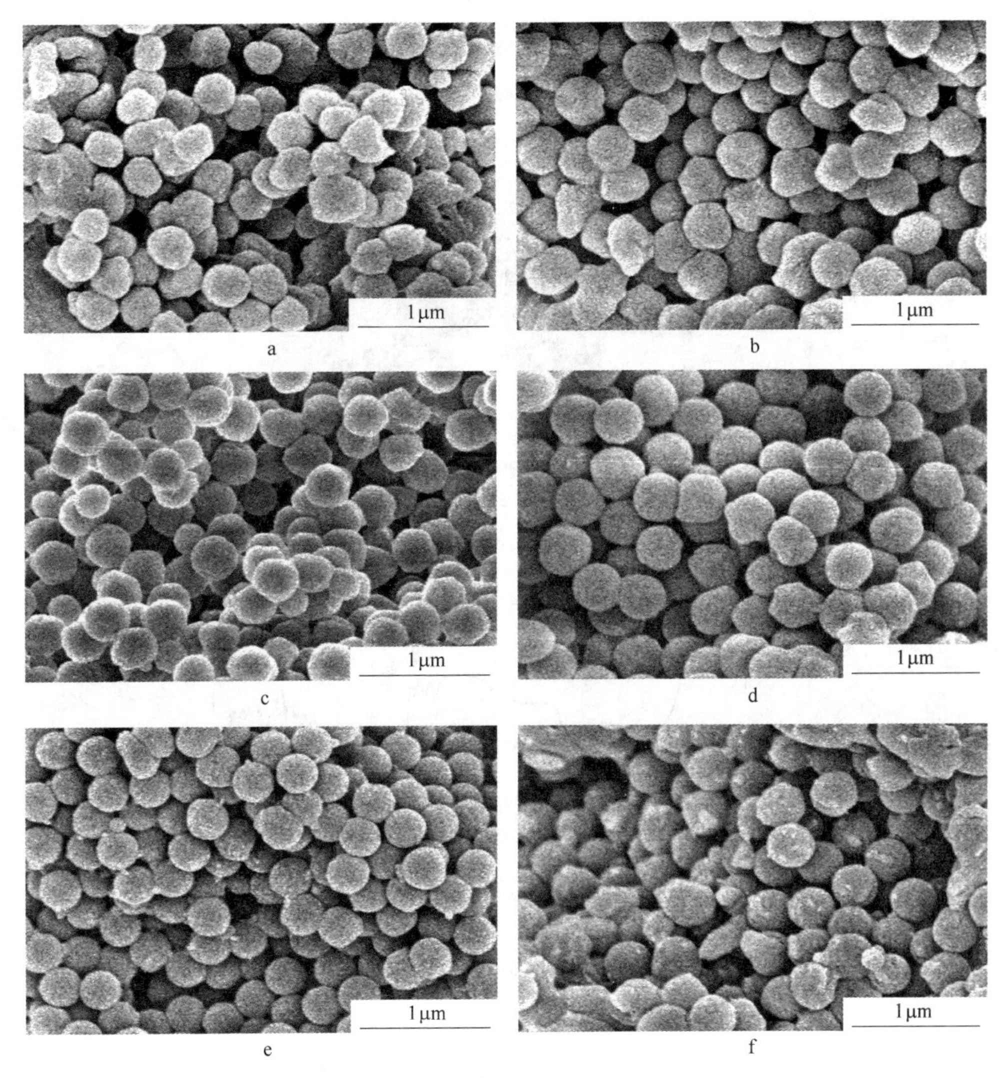


图 3-39 不同中和度 PS-AANa 粒子 SEM 形貌图

a—30%；b—40%；c—5%；d—50%；e—60%；f—70%

收峰，判断为表面富集的—OH 吸收峰。随着中和度增大，—OH 被中和，因此伸缩振动峰随之减弱。1700cm$^{-1}$左右为 C ═O 吸收峰，从图看出，随着中和度增大，羧羰基变为酮羰基，C ═O 特征吸收峰向低波段发生红移。820cm$^{-1}$处的吸收峰为丙烯酸特征峰，亦随中和度增大而明显减弱。

C 热重-DSC 分析

随着中和度变大，热重曲线只在 425℃左右出现明显的失重台阶，这是聚苯乙烯-丙烯酸粒子熔化区。对于 DSC 曲线，随中和度增大，吸热峰面积增大，熔

图 3-40　PS-AANa 粒子 TEM 形貌图

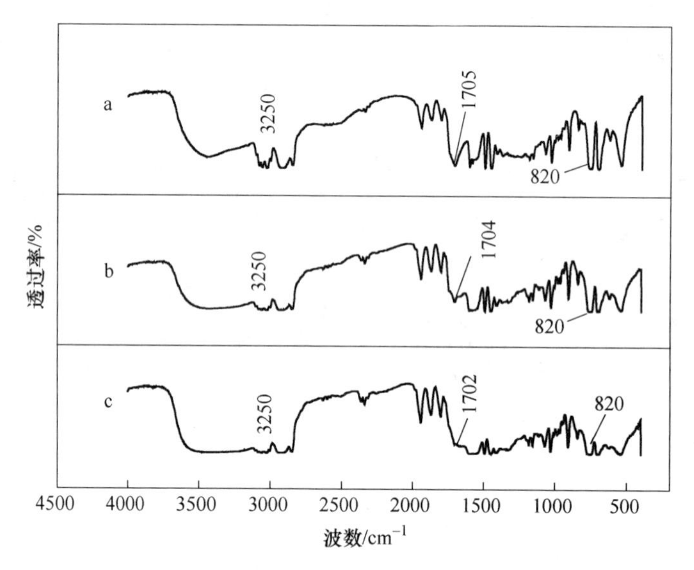


图 3-41　不同中和度 PS-AANa 粒子的红外光谱图

a—中和度 30%；b—中和度 50%；c—中和度 70%

融焓变大。从图 3-42 中看出，过程有两处吸热峰，207℃左右的吸热峰是粒子玻璃化转变焓，可以看出随着中和度升高，玻璃化转变焓减小，这是因为聚丙烯酸含量减少。第二阶段的吸热峰出现在 425℃左右，这是熔化焓，这一部分主要是聚合物内部化学键及离子键的断裂。由图可知，熔化焓值随着中和度升高而显著增加，而到了 70%分解热量高达 437J/g，原因在于高中和度的粒子中聚丙烯酸钠含量高，易形成部分离子晶体，因此熔解需吸收大量热。

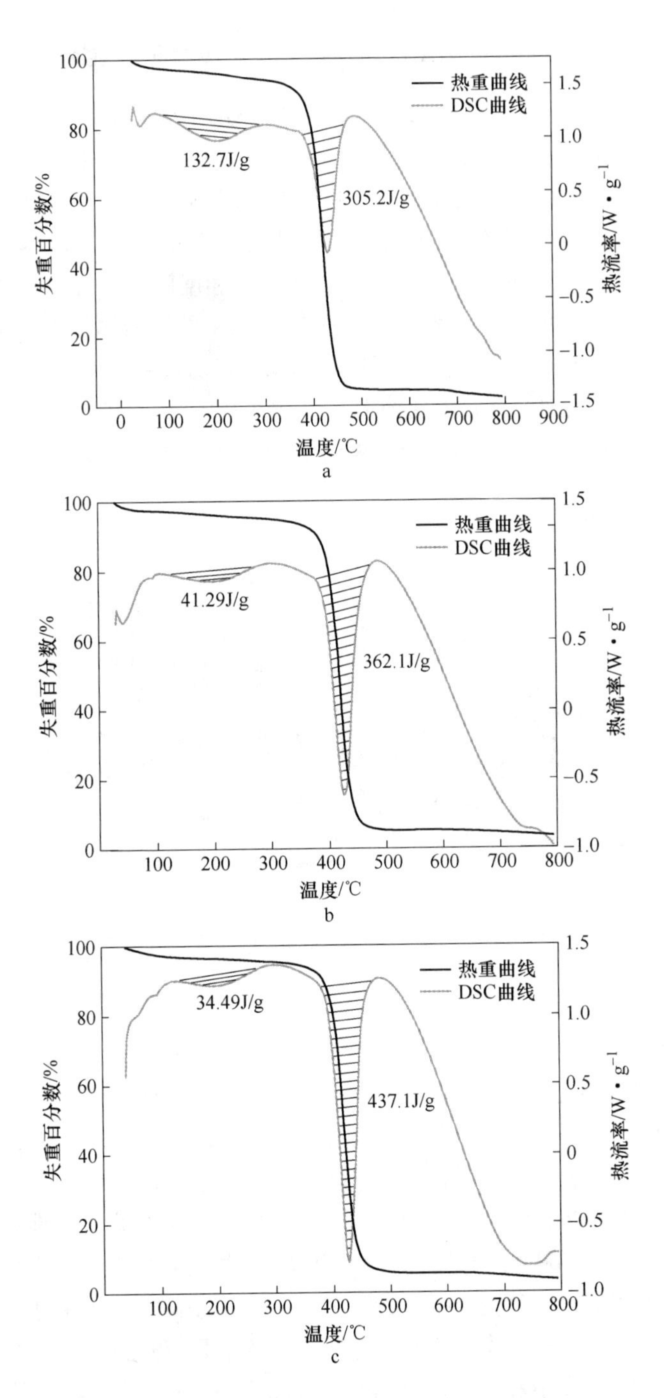


图 3-42 不同中和度 PS-AANa 粒子的热重-DSC 分析图

a—30%；b—50%；c—70%

### 3.4.2.3　中和度对 PS-AANa/PEG 体系剪切增稠性能的影响

由图 3-43 可知，PS-AANa/PEG 体系的剪切增稠性能随着粒子中和度的增大呈现弱—强—弱的态势（浓度恒定为 55%），具体表现为 30% 中和度的粒子体系由于团聚严重，初始黏度颇高，随着剪切速率增大，黏度一路下降，呈剪切变稀效应；40% 中和度的流体呈连续增稠，最大剪切黏度在 $800s^{-1}$ 处出现，为 48Pa · s，剪切增稠效果相对微弱；45%，50% 中和度的粒子体系呈现出极其显著的突变性增稠，并且最大剪切黏度大至 800Pa · s，黏度增幅将近 3 个数量级。相比以上几种体系，60%、70% 中和度体系虽出现剪切增稠响应，但由于粒子中和度过高，导致微球表面因 $Na^+$ 密度偏大，互相排斥，导致难以表达强烈剪切增稠信号。综上试验结果，作为 STF 分散相时，粒子最优中和度为 45% 和 50%。

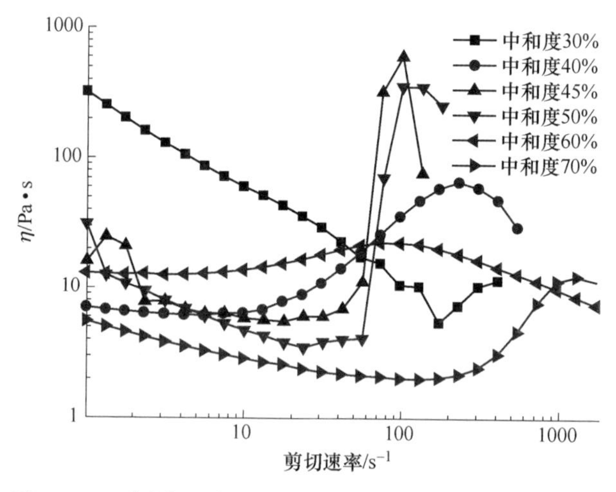


图 3-43　不同中和度 PS-AANa/PEG 悬液的剪切流变曲线

鉴于中和度 45%、50% 两种粒子对应的 PEG 悬液剪切增稠性能格外突出，本书重点以此两种粒子对应的浓度 55% 的 PEG 悬液为研究对象，通过动态流变仪对其剪切应力的变化做了表征测试。图 3-44 是剪切应力随剪切速率的变化曲线，对应图 3-44，在剪切变稀阶段，剪切应力无明显的变化，当达到临界速率时，剪切应力跳跃式骤增，表现出典型的胀塑性流体的流动曲线性质。根据幂律方程式 3-1，对照图 3-44，显然，$n>1$，体系的黏度随剪切速率增加而非线性增加，表现为剪切增稠。剪切速率继续增大，剪切应力响应开始迅速减小，体系内部形成的“粒子簇”正被逐渐解体，这种效应通常是可逆的。

图 3-45 是以最优中和度 50% 的 PS-AANa 粒子为分散相制备的浓度 55% 的剪切增稠体系的动态剪切模量变化曲线，图 3-46 是损耗因子（式 3-2）随剪切应力的变化曲线。

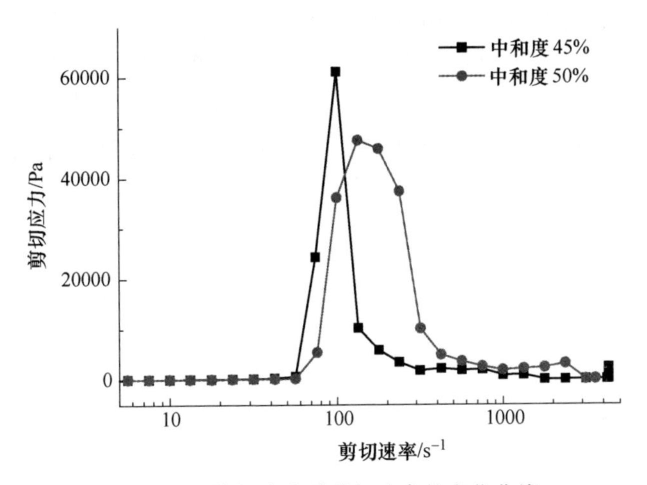


图 3-44 剪切应力随剪切速率的变化曲线

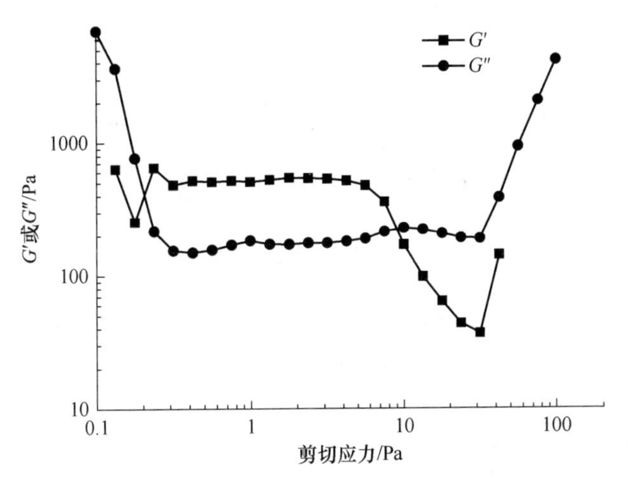


图 3-45 储能模量、耗能模量随剪切应力的变化曲线

$$\tan\delta = \frac{G''}{G'} \tag{3-2}$$

根据材料的黏弹性理论，$G'$、$G''$分别用以表示材料的弹性和黏性强度，弹性是体系的固体行为，黏性为体系的液体行为。随应力增大，大致分为三个区间：线性黏弹性区、剪切变稀区、剪切增稠区。其中，在施加初始剪切应力的极小的应力区间内，$G'$，$G''$均有一小段的下降，这与图 3-43 中相应曲线的一小段剪切变稀吻合；随后，在剪切应力较低的区间内，$G'$与$G''$呈并行趋势，流体结构之所以能保持相对稳定是因为剪切应力较小，对流体微观结构破坏较小，因此在内部分子间作用力下可迅速恢复，此即线性黏弹性区，$G'$始终大于$G''$，可知临界应力之前，体系以弹性行为为主；随着剪切应力增大，流体的$G'$开始加速减小，而

$G''$依旧保持稳定，且两者在剪切应力约为10Pa时相交，此交点即为凝胶点，与图3-46中损耗因子大于1的点相对应，原因在于剪切应力打破了原来的布朗运动状态，此即为剪切变稀区；当剪切应力进一步增大至临界值约为30Pa时，$G'$、$G''$均开始增长，表现出剪切增稠响应的黏弹性模量变化特征，原因在于剪切增稠区形成“粒子簇”对流体的运动造成了较大阻力。

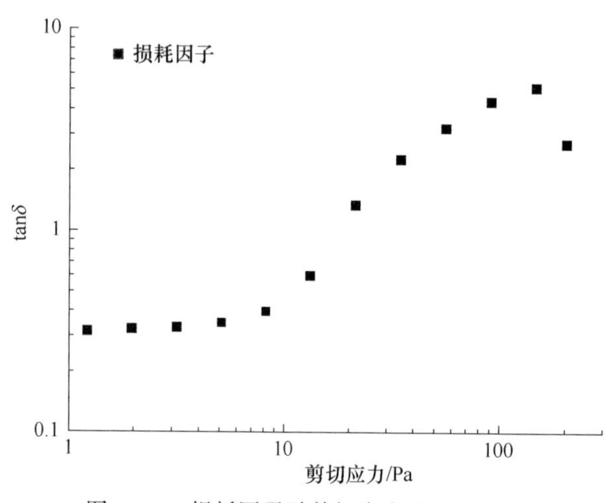


图3-46　损耗因子随剪切应力的变化曲线

#### 3.4.2.4　分散相浓度对PS-AANa/PEG体系剪切增稠性能的影响

分散相浓度对剪切增稠体系的影响之大从已报道的该领域研究成果中即可获知，为了研究合成的PS-AANa/PEG体系对分散相浓度的依赖性，本书以上面遴选的性能最好的中和度50%的粒子为分散相，分别制备了分散相浓度为40%、50%、55%、64%的四种聚乙二醇悬液，用以研究分散相浓度对PS-AANa/PEG体系的剪切增稠性能的影响规律。

图3-47是本测试得到的几种不同质量浓度的PS-AANa粒子分散PEG200流体的剪切流变曲线（中和度恒定为50%）。总体分析，几种浓度流体均表现出显著的剪切增稠效应。特点在于随着质量浓度的增大，临界速率越小，且最大剪切黏度越大。40%的流体临界速率为300$s^{-1}$，原因在于颗粒浓度低，分散度大，需要超过范围更高的剪切速率才能克服布朗作用力，使得颗粒在流体润滑力的作用下聚集成簇；50%与55%的流体呈现低剪切速率大增幅的剪切增稠效果，这表明克服斥力形成“粒子簇”的构成条件之一是粒子的质量浓度达到一定值。本试验制备出最优剪切增稠液为浓度64%的中和度50%的PS-AANa/PEG体系，图中该体系的临界剪切速率低至10$s^{-1}$，而最大剪切黏度高达2200Pa·s，增幅巨大，剪切增稠效果非常之突出。此外，初始的剪切变稀是由剪切应力在起初仅仅使粒子在各自层内有限变形，定向运动，打乱均匀的分散结构而引起的。

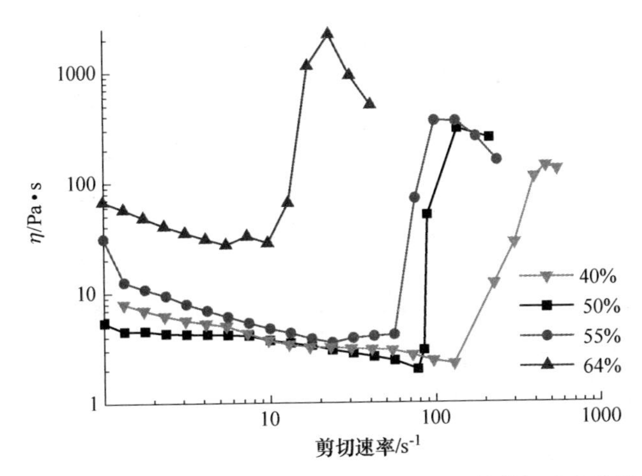


图 3-47 不同浓度 PS-AANa 粒子/PEG 悬液的剪切流变曲线

#### 3.4.2.5 粒度分布性对 PS-AANa/PEG 体系剪切增稠性能的影响

图 3-48 为试验保持中和度 50%一定调节引发剂浓度而合成的两种 PS-AANa 粒子的激光粒度分布图，测试采用乙醇为溶剂。图 3-48a 的单峰表明粒径在 200nm 左右集中，粒度分布很窄。而图 3-48b 所示粒度分布从 171~477nm 分布集中，但同时也存在 1000nm 以上的大颗粒。

图 3-49 为两种粒度分布特征的中和度 50%粒子体系的流变性能曲线（浓度恒定在 45%）。显然，窄粒度分布的粒子体系表现出显著的剪切增稠效果，而粒度分布宽的粒子体系表现出牛顿流体的特点，黏度不随剪切速率增大而增大。对于粒度分布宽的剪切增稠液，小颗粒与大颗粒的混合堆积使得有效固体体积分数减小，故体系初始黏度小。在剪切力形成的剪切场中，大小颗粒协同作用，在润滑力下，难以聚集成“粒子簇”，因此无法产生剪切增稠响应；而对于窄粒度分布的体系，粒径较为均一，在经过一段剪切变稀历程后，从 $30s^{-1}$开始，黏度从 13Pa·s 增至 175Pa·s，呈现出良好的剪切增稠效果。

#### 3.4.2.6 分散介质对 PS-AANa/PEG 体系剪切增稠性能的影响

分散介质作为 STF 重要的组成部分，其属性对流体的流变性能有着重要作用。本书针对分散介质聚乙二醇的分子量对流体流变性能的影响做了研究。试验以分散相粒子中和度 50%的 PS-AANa 粒子为分散相，分别以 PEG200、PEG400、PEG600 为分散介质，保持分散相浓度 48%不变制备了三种流体，其中，PS-AA-Na/PEG600 的体系已几近凝胶状。图 3-50 为三种流体稳态流变曲线。据图 3-50，随着剪切速率增大，三种流体的黏度变化趋势基本一致，均表现出显著的剪切增稠响应。由图 3-50 可知，在保证其他因素一致的前提下，分散介质分子量

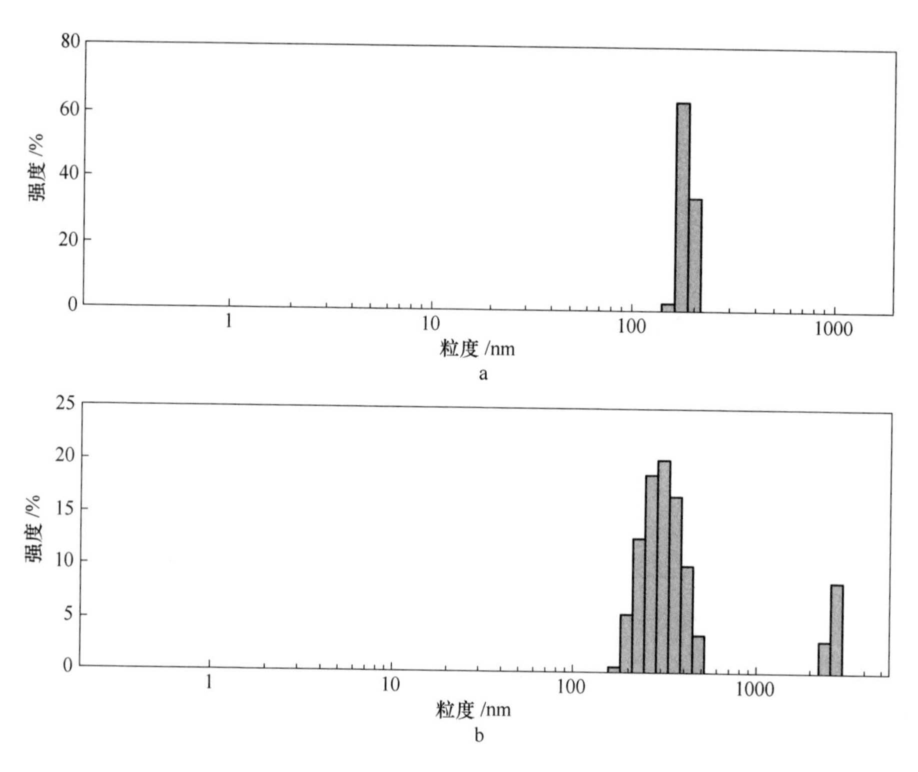


图 3-48　中和度 50%的两种 PS-AANa 粒子的激光粒度分析图

a—窄粒度分布；b—宽粒度分布

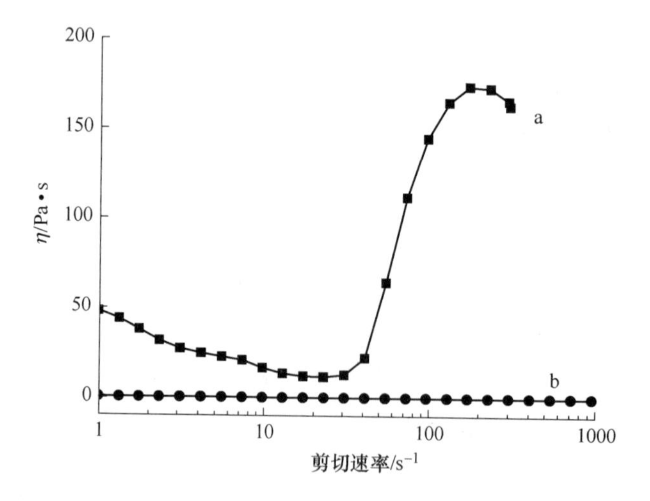


图 3-49　粒度分布特征对 PS-AANa/PEG 体系流变性能的影响

a—窄粒度分布；b—宽粒度分布

越大，对应的STF初始黏度越大，更重要的是剪切增稠效果越优，主要表现为临界剪切点提前且黏度增幅增大，特别对于PEG600的体系，其黏度增幅高达3倍有余。机理在于随着PEG分子量增大，连续相PEG分子间作用力随之增大，分散相布朗运动减弱，因此较小的剪切力或剪切速率下，布朗作用即被打破，粒子簇形成；另外随着PEG分子量增大，分子链相应增长，形成氢键能连接到的颗粒范围增大，颗粒聚集程度增大，形成的网状结构粒子簇也就越大，因此最大剪切黏度亦随之增大。

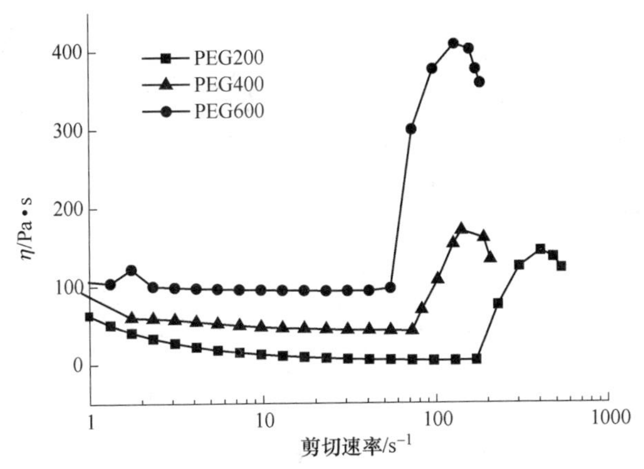


图 3-50 分散介质对PS-AANa/PEG体系流变性能的影响

#### 3.4.2.7 DWS微流变分析

扩散波谱仪是一种根据示踪粒子在分散系中穿梭于分散粒子间的运动状况来表征流体的黏弹性状态的仪器。相比动态流变仪，扩散波谱仪对于表征材料微观组织结构，其优点主要有以下两点：（1）利用光在分散系中的散射原理测试来表征体系在频率递增情况下的微流变性能的扩散波谱仪可测试的频率可达106rad/s以上。（2）实现零机械剪切力，保护材料内部结构不被损坏；本试验在测试过程中采用与65%PS-AANa/PEG体系的散射光强相差无几的标准222nm PS乳液作参比液，得出了损耗因子-频率的关系曲线和均方位移曲线。

粒子相对于初始位置的位移的平方值称为均方位移，计算公式如下：

$$\mathrm{MSD} = R(t) = \langle [r(t) - r(0)]^2 \rangle \tag{3-3}$$

式中，〈 〉代表系综平均；$r(t)$ 代表 $t$ 时刻的位置。试验通过对均方位移的分析，即可以得到扩散系数。

图3-51a是DWS RheoLab配套软件得出的微流变复数模量 $G^*$ 的变化曲线，可见随着频率增加，$G^*$ 在逐渐增大，而动态黏度 $\eta^* = G^*/\omega$（$\omega$ 为振荡角频率），这表明流体在高频区的黏性性质较弹性性质更加彰显，黏度随着频率增大而单调递增，这与前面机械剪切的结果相一致。图3-51b是示踪粒子（本试验为改性

粒子）动态参数转化成均方位移（MSD）的曲线。由于本试验所测样品为高分子粒子的分散体系，所以无须另行加入示踪粒子。从曲线的走势观察，经过一段线性直线后，斜率开始单调递增，这是由于在低频区流体尚处于线性黏弹性状态，而到了临界剪切速率，示踪粒子加速团聚，表现出局部增稠的效果。综合分析发现，剪切增稠跟材料微结构的各向异性有严密的关联。DWS 的测试结果从微流变层面补充论证了试验制备的 PS-AANa/PEG 新型体系的剪切增稠特性。

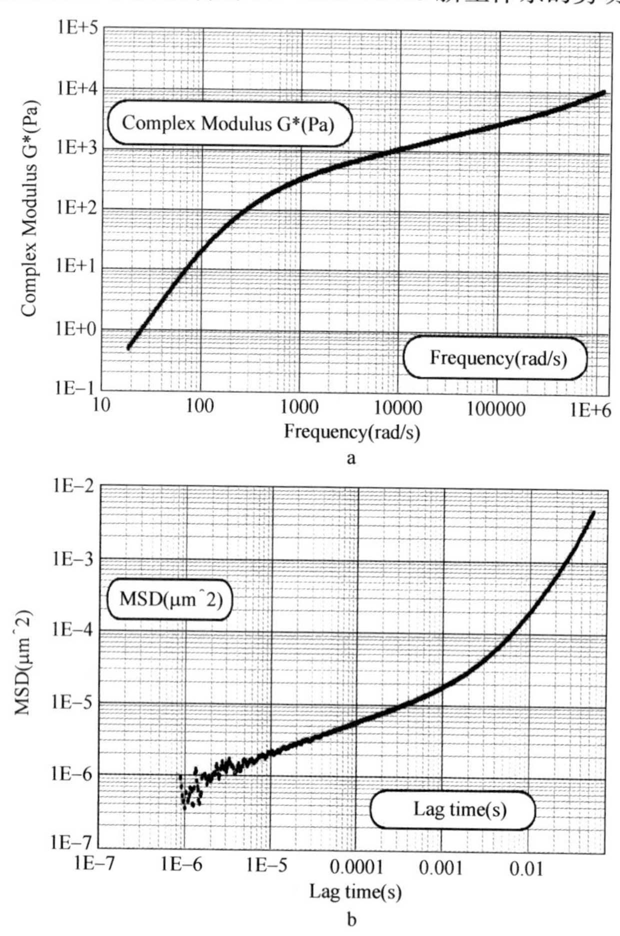


图 3-51　DWS 微流变分析曲线

a—复数模量 $G^*$ 的变化曲线；b—均方位移曲线

### 3.4.3　小结

本章通过无皂乳液聚合法合成了一系列不同中和度的 PS-AANa 粒子，并以此为分散相，PEG 为分散介质，制备了一种新型的高分子体系的剪切增稠液。

（1）分别通过一步法、两步法合成 PS-AANa 粒子，并通过扫描电子显微镜观察了两种工艺下合成的粒子的分散性及粒子形貌，结果显示，两步法合成的粒子分散性优于一步法；流变性能测试结果表明，以两步法合成的粒子为分散相，制备的流体具有明显的剪切增稠效果，而以一步法合成的粒子为分散相，制备的流体初始黏度大，无剪切增稠响应。

（2）以 $NaHCO_3$ 为中和剂，通过两步法合成了 30%、40%、45%、50%、60%、70%六种中和度的核壳状 PS-AANa 粒子。首先，采用扫描电镜观察了这一系列粒子的微观形貌，热分析仪分析了合成的粒子的物性结构，中和度不会影响粒子的外观形貌，但表面极性随之变化。进而研究了分散相粒子中和度对剪切增稠性能的影响，结果表明，分散相最优中和度为45%与50%，流体黏度增幅均可达 3 个数量级，且具有良好的可逆性。

（3）研究了分散相浓度、粒度分布、分散介质分子量对流变性能的影响。结果表明，其一，随分散相浓度增大，剪切增稠性能增强，其中，中和度为 50%、分散相浓度为 64%的 PS-AANa/PEG 体系性能最优，最大剪切黏度高达 2200Pa · s；其二，同一种材料的分散相粒子，粒度分布越窄的体系较宽粒度分布的体系剪切增稠效果更佳；其三，分散介质 PEG 的分子量越大，剪切增稠效果越突出。

## 3.5 结论与展望

### 3.5.1 主要结论

为了研究颗粒物质体系的剪切增稠性能与分散相粒子的性质之间的关系，制备新型的性能更佳的剪切增稠液，本书基于对普通的二氧化硅/聚乙二醇体系的剪切增稠性能的研究，设计并制备了介孔 $SiO_2$/PEG 和不同中和度 PS-AANa/PEG 两种新型的剪切增稠体系，并通过流变仪对其进行了流变性能表征分析，主要得出以下结论。

（1）对于介孔二氧化硅/聚乙二醇体系，本书通过调节模板剂用量、NaOH 用量、合成温度合成了一系列粒径均一、单分散性良好、具有不同表面结构性质和形状的介孔二氧化硅粒子，重点研究了介孔二氧化硅表面性质及外观形貌对剪切增稠性能的影响。

1）制备的新型介孔二氧化硅/聚乙二醇 STF 较普通二氧化硅/聚乙二醇 STF，优点在于较低分散相浓度时，即可实现良好的剪切增稠效果，试验测定其在分散相浓度为 37%时，剪切增稠性能明显优于浓度为 45%的普通二氧化硅/聚乙二醇体系，具体表现为，前者最大剪切黏度可达 76Pa · s，而后者只有 5Pa · s。且剪切增稠性能随分散相浓度增大而增大；粒子的合成温度对流体剪切增稠性能具有一定影响，表现为随着合成温度升高，临界剪切点提前，最大剪切黏度增大。

2）研究了介孔二氧化硅比表面积对剪切增稠性能的影响，结果表明，比表面积越大，剪切增稠性能越好；在等浓度条件下，棒状介孔 $SiO_2$ 作分散相的聚乙二醇体系剪切增稠性能比球状 $SiO_2$ 的体系更突出。

（2）对于不同中和度的 PS-AANa/PEG 体系，本书主要研究了合成工艺、粒子中和度、分散相浓度、粒度分布性、分散介质对其流变性能的影响，结论如下。

1）分别采用一步法和两步法合成了两种 PS-AANa 粒子，一步法合成的粒子团聚现象极为严重，以其为分散相的聚乙二醇悬液无剪切增稠效果；两步法合成的粒子呈单分散的纳米微球，且以其为分散相制备的聚乙二醇悬液呈均相流体，具有显著的剪切增稠效果。

2）对于该体系，着重研究了粒子中和度对其流体剪切增稠效应的影响作用，结果表明，随着粒子中和度的增大，流体剪切增稠性能呈现先增大后减小的趋势，试验得出最优中和度为 45%、50%。

3）其他因素对流变性能的影响：其一，剪切增稠液的流变性能强烈依赖于体系分散相浓度，本书研究的体系最大剪切黏度已达 2200Pa · s，说明性能非常好，并且通过对该领域的已发表成果的分类总结，本试验成果在剪切增稠液领域取得一定的性能突破；其二，对于颗粒分散体系，粒度分布越窄，分散介质分子链越长，流体剪切增稠性能越突出。

### 3.5.2　下一步工作展望

综合分析制备的两种新型剪切增稠体系，其共同点在于分散相粒子的表面极性强，其中，介孔二氧化硅的特征在于孔使得更多的 Si—OH 暴露在表面，而聚苯乙烯-丙烯酸钠粒子特征在于—COOH 本身的强极性。研究结果表明，颗粒物质体系的剪切增稠性能与分散相粒子的比表面积、表面基团极性有机理层面的作用关系。但由于时间有限，对制备的两种新型剪切增稠液没有往更深入的层面探讨。关于剪切增稠材料，以下几方面还有待进行研究：

（1）目前，关于剪切增稠的微观机理尚无完整的理论解释，根据本书的试验成果以及笔者对相关文献的阅读领会，后续的研究应该从流体力学的理论角度，结合微流变学对剪切增稠机理加以研讨，以利于从更深的理论层面研究提高剪切增稠性能。扩散波谱仪对剪切增稠流体的微流变表征技术及结论分析对剪切增稠机理分析有启发性，因此下一步的研究中，可增加扩散波谱仪对 STF 的测试分析。

（2）试验制备了两种新型的性能优良的剪切增稠液，由于时间关系未能进行实际应用研究。因此，希望后续的研究中能够进行防护应用方面的探索研究。

# 参考文献


[1] 日本瑞翁株式会社．吸氧性树脂组合物、吸氧性薄膜和吸氧性多层结构：中国，200680048741.0［P］，2009.01.14.

[2] 日本瑞翁株式会社．吸氧阻隔树脂组合物、包含该树脂组合物的薄膜、多层结构和包装容器：中国，200680048912.X［P］，2009.01.14.

[3] 唐伟家，吴汾，李茂彦．尼龙纳米复合材料及其在包装上的应用［J］．塑料包装，2008，19（2）：47-53.

[4] 钟凌燕，王晓红，姜英琪，等．微型自吸氧直接甲醇燃料电池的阳极极板设计研究［J］．传感技术学报，2006，19（5）：2163-2166.

[5] 方旻，谢新艺．高分子材料的阻隔性能及在药包材上的应用［J］．广州化工，2011，39（16）：38-39.

[6] 罗舜皓，常浩，俞燕，等．高阻隔乙烯-乙烯醇树脂（EVOH）发展概况［J］．化工自动化及仪表，2011，38（8）：915-918.

[7] 曹华，刘全校，曹国荣，等．环保型高阻隔包装材料的制备及国内的研究进展［J］．北京印刷学院学报，2008，16（4）：21-27.

[8] 王佳媚，靳国锋，章建浩，等．混合型火腿专用脱氧剂研制及脱氧特性研究［J］．食品科学，2009，30（24）：183-187.

[9] 万红敬，王晓梅，黄红军，等．机械球磨制备快速铁系吸氧剂［J］．包装工程，2010，31（11）：67-69.

[10] 宣卫芳．弹药塑料包装材料老化现象研究［J］．装备环境工程，2006（5）：26-30.

[11] 盛娜，周盛华，刘晔，等．脱氧活性包装研究［J］．浙江理工大学学报，2009，26（4）：608-612.

[12] 侯东军，汤务霞，曾凡坤，等．脱氧剂生产工艺及其性能影响因素的探讨［J］．食品科技，2002（3）：42-43.

[13] 邓槐春，曾婷，刘保昌，等．脱氧防潮剂研制及对战备药品器材的保存效果［J］．医疗卫生装备，2001，（3）：19-21.

[14] 穆宏磊，郜海燕，房祥军，等．纳米脱氧剂的制备及抗氧化性能研究［J］．中国食品学报，2009，9（3）：105-110.

[15] 王德宝，吴玉程，王又芳，等．机械合金化制备 Cu-C 纳米晶复合粉末［J］．武汉理工大学学报，2007，29（10）：132-136.

[16] 肖学章，陈长聘，王新华，等．非晶 Mg/Fe 复合物的机械球磨制备及其电化学储氢特性［J］．高等学校化学学报，2006，27（1）：116-120.

[17] 戴莹莹，李姜，郭少云．两步法制备 HDPE/PA6 复合材料的结构和阻隔性能［J］．高分子材料科学与工程，2011，27（8）：106-108.

[18] 刘柳，崔爱军，何明阳，等．两类聚酯吸氧材料的制备及性能［J］．化工进展，2012，31（2）：372-377.

[19] 胡焱清，李子繁，孙红旗．绿色高阻隔包装材料［J］．塑料包装，2010，20（2）：22-23.

[20] 陈昌杰．略论阻隔性软包装材料［J］．上海塑料，2011，153（1）：14-19.

[21] 许文才，李东立，黄少云，等．吸氧包装材料对橙汁品质影响的研究［J］农产品加工（学刊），2011，256（9）：26-29.

[22] 王车礼，承民联，裘兆蓉．吸氧多层薄膜内脱氧树脂层的传质与反应模型［J］．化工学报，2005，56（5）：802-806.

[23] 谭光迅，李净．吸氧瓶盖对枝江大曲酒风味稳定性的影响［J］．酿酒科技，2012，211（1）：67-69.

[24] 张卉子，张蕾．吸氧性 PET 果汁饮料瓶的制备及性能研究［J］．包装工程，2010，31（5）：42-44.

[25] 夏冶．新型塑料包装材料的发展［J］．塑料科技，1999，132（4）：41-44.

[26] 岳青青．阻隔性包装材料的应用现状及发展趋势［J］．塑料包装，2011，21（3）：19-21.

[27] 董文丽．阻隔性包装材料及生产技术的应用发展［J］．包装工程，2009，30（10）：117-120.

[28] 刘春林．海军坑道防潮降湿技术管理［M］．北京：解放军出版社，1999.

[29] Berglund L G. Comfort and humidity［J］. Ashrae Journal，1998，40（8）：35-41.

[30] 杨晋溥，江鹏程，冯辅周，等．装备封存用温湿度智能监控系统的设计与实现［J］．包装过程，2015，36（21）：51-56.

[31] 王新坤，封彤波，吴灿伟，等．大型装备（设备）洞库气相封存技术及效果分析研究［J］．包装工程，2011，32（23）：9-11.

[32] 柏亚林．航材仓库温湿度无线自动监控系统的设计与实现［D］．南京：南京大学，2015.

[33] 唐寿江．温湿度对弹药质量变化的影响研究［J］．湖北科技学院学报，2013，33（7）：187-188.

[34] 李金龙，杨万均，虞健美，等．复合材料发射器透湿率试验研究［J］．弹箭与制导学报，2014，34（3）：206-208.

[35] 李文涛，姚加飞，张哲．野战弹药存储方舱的自适应模糊温湿度控制［J］．化工自动化及仪表，2013，40（5）：606-609.

[36] 王付修，蔡军峰．海军陆战旅岛屿作战弹药储运环境分析与防护设计［J］．包装工程，2014，35（15）：63-66.

[37] 艾云平，刘琼，冯钟林，等．浅析湿度对海岛弹药储存的影响［J］．物流工程与管理，2013，35（3）：146-147.

[38] 李清，李瑞琴，管兰芳．塑料弹药箱中凝露问题研究［J］．包装过程，2016，37（3）：126-129.

[39] 蒋磊，黄红军，李志广，等．AA/AM/AMPS 高吸湿性树脂的制备及其吸湿放湿性能研究［J］．现代化工，2011，31（1）：59-62.

[40] Ohta T，Iwata M，Suzuki K. Functional of environmental humidity control of polyacrylic acid fibers［J］. Society of Fiber Science Technology，1999，55（2）：78-81.

[41] 张春晓，白福臣，潘振远，等．有机高分子吸湿材料的吸附模型与机理［J］．高分子材料科学与工程，2012，28（3）：83-87.

[42] 李海燕．基于水处理的壳聚糖树脂的制备表征及功能性研究［D］．青岛：中国海洋大学，2011.

[43] 雷盼盼．沸石基调湿材料的制备与性能研究［D］．广州：华南理工大学，2014.

[44] 邓妮，武双磊，陈胡星．调湿材料的研究概述［J］．材料导报，2013，27（22）：368-371.

[45] 刘川文，黄红军，李志广，等．聚乙烯醇吸附性树脂的制备及其吸湿放湿性能研究［J］. 科学技术与工程，2007，7（2）：242-244.

[46] 张希尧．聚丙烯酰胺系树脂吸湿性功能研究［D］．长春：吉林大学，2009.

[47] El-Rehim H A. Swelling of radiation crosslinked acrylamide-based microgels and their potential applications［J］. Radiation Physics and Chemistry，2005，74（2）：111-117.

[48] Songmei Ma，Mingzhu Liu，Zhenbin Chen. Preparation and properties of a salt-resistant superabsorbent polymer［J］. Journal of Applied Polymer Science，2004，93（6）：2532-2541.

[49] Aida Farkish，Mamadou Fall. Rapid dewatering of oil sand mature fine tailings using super absorbent polymer（SAP）［J］. Minerals Engineering，2013，51（9）：38-47.

[50] Miguel Casquilho，Abel Rodrigues，Fátima Rosa. Superabsorbent polymer for water management in forestry［J］. Agricultural Sciences，2013，4（5）：57-60.

[51] Xi Li，He Jizheng，Jane M，et al. Effects of super-absorbent polymers on a soil-wheat（Triticum aestivum L.）system in the field［J］. Applied Soil Ecology，2014，73（1）：58-63.

[52] Ahmed Mohammed Mazen，Deya Eldeen Mohammed Radwan，Atef Fathy Ahmed. Conditioning effect of different absorbant polymers on physical and chemical properties of sandy soil［J］. Journal of Functional and Environmental Botany，2013，3（2）：82-93.

[53] Lixia Yang，Yang Yang，Zhang Chen，et al. Influence of super absorbent polymer on soil water retention，seed germination and plant survivals for rocky slopes eco-engineering［J］. Ecological Engineering，2014，62（1）：27-32.

[54] 姚文凡．有机高分子硅胶复合吸湿剂的制备和表征［D］．广州：华南理工大学，2013.

[55] 刘健．丙烯酸系树脂吸湿性功能研究［D］．长春：吉林大学，2009.

[56] Wu Q，Zhang Q，Zhang B. Influence of super-absorbent polymer on the growth rate of gas hydrate［J］. Safety Science，2012，50（4）：865-868.

[57] Dalaran M，Emik S. GüçlüG，et al. Study on a novel polyampholyte nanocomposite superabsorbent hydrogels：synthesis，characterization and investigation of removal of indigo carmine from aqueous solution［J］. Desalination，2011，279（1-3）：170-182.

[58] Omidian H，Zohouriaan-Mehr M J. Polymerization of sodium acrylate in inverse-suspension stabilized by sorbitan fatty esters［J］. European Polymer Journal，2003，39（5）：1012-1018.

[59] 余响林，饶聪，秦天．反相悬浮聚合法制备高吸水树脂研究进展［J］．化工新料，2014，42（10）：20-22.

[60] 陈欣，张兴英．反相乳液聚合制备耐盐性高吸水性树脂［J］．化工新型材料，2007，35（7）：73-75.

[61] 李振华，郭三维．反相乳液聚合法制备 P（AA-AMPS）高吸水树脂的合成及其性能结构研究［J］．广东化工，2013，40（22）：35-36.

[62] Hunkeler D. Synthesis and characterization of high molecular weight water-soluble polymers [J]. Polymer International, 2000, 49 (27): 23-33.
[63] 张艳锴. 有机-无机复合高吸水树脂的合成及其吸附性能研究 [D]. 新乡: 河南师范大学, 2012.
[64] 林真, 彭少贤, 赵西坡, 等. 多孔高吸水性树脂的制备方法及应用研究进展 [J]. 化工新型材料, 2013, 41 (2): 160-162.
[65] Christian Hopmann, Simon Latz. Foaming technology using gas counter pressure to improve the flexibility of foam by using high amounts $CO_2$ as a blowing agent [J]. Polymer, 2015, 56: 29-36.
[66] Bajpai S K, Bajpai M, Sharma L. Investigation of water uptake behavior and mechanical properties of superporous hydrogels [J]. Journal of Macromolecular Science-Pure and Applied Chemistry, 2006, 43 (3): 507-524.
[67] 孙玉涛. HPMC 水凝胶微球的制备及其在药物释放中的应用 [D]. 天津: 天津大学, 2009.
[68] Bin Yi Chen, Xin Jing, Hao Yang Mi, et al. Fabrication of polylactic acid/polyethylene glycol (PLA/PEG) porous scaffold by supercritical $CO_2$ foaming and particle leaching [J]. Polymer Engineering and Science, 2015, 55 (6): 1339-1348.
[69] 程琳, 邹琴, 邹立扣, 等. 聚乙烯醇及改性聚乙烯醇/明胶多孔支架的体外生物相容性研究 [J]. 成都大学学报 (自然科学版), 2012, 31 (2): 113-116.
[70] 王小军. 基于多孔道结构 PAM 微球为模板的多级表面结构复合微球的制备 [D]. 西安: 陕西师范大学, 2007.
[71] 施庆珊. γ-聚谷氨酸/壳聚糖多孔复合支架材料的制备、表征及性能的研究 [J]. 天然产物研究与开发, 2013 (25): 514-518.
[72] 李真, 朱维波, 尹研婷, 等. 壳聚糖/魔芋葡甘聚糖/透明质酸钠共混多孔膜的制备与表征 [J]. 高分子材料科学与工程, 2015, 31 (5): 159-163.
[73] Kishi R, Miura T, Kihara H, et al. Fast pH-thermo-responsive porous hydrogels [J]. Journal of Applied Polymer Science, 2003, 89 (1): 75-84.
[74] 任英. 碳纳米管复合多孔水凝胶的合成与表征 [D]. 杭州: 浙江大学, 2013.
[75] 胡家朋, 刘瑞来, 饶瑞晔, 等. 聚乳酸多孔微球的制备及释药性能 [J]. 高分子材料科学与工程, 2016, 32 (5): 144-150.
[76] 张传杰, 熊伟, 王恒洲, 等. 魔芋葡甘聚糖海绵状创面敷料的制备与表征 [J]. 高分子材料科学与工程, 2013, 29 (6): 145-148.
[77] Lia Kehua, Guo Qiang, Liu Mingyao. A study on pore-forming agent in the resin bond diamond wheel used for silicon wafer back-grinding [J]. Procedia Engineering, 2012, (36): 322-328.
[78] Wang Xiaomei, Fu Zhenyu, Yu Na, et al. A novel polar-modified post-cross-linked resin: Effect of the porogens on the structure and adsorption performance [J]. Journal of Colloid and Interface Science, 2015, 466: 322-329.
[79] 范云鸽, 王蓓蕾, 史作清. 硅油为致孔剂合成的 St-DVB 大孔共聚物 [J]. 高分子材料科学与工程, 2008, 24 (2): 43-46.
[80] 郑秋霞, 黄军左, 王有德, 等. 混合致孔剂对吸油树脂的影响 [J]. 广东化工, 2008,

35 (5): 3-6.
[81] 钟冬晖，高建平，王有德．致孔性丙烯酸酯吸油树脂的合成研究 [J]．河北化工，2008，31 (6): 6-8.
[82] 李富兰，周雪松，颜杰，等．冷冻多孔温敏凝胶的制备与性能研究 [J]．材料导报 B：研究篇，2012，26 (3): 66-69.
[83] 孙晓君，宫正，魏金枝，等．多孔聚合物水凝胶的合成及正渗透性能 [J]．高分子材料科学与工程，2015，31 (8): 11-15.
[84] 陈兆伟．新型刺激响应智能凝胶的合成、表征及应用研究 [D]．无锡：江南大学，2005.
[85] Mohan Y M, Murthy P S K, Raju K M. Preparation and swelling behavior of macroporous poly (acrylamide-co-sodium methacrylate) superabsorbent hydrogels [J]. Journal of Applied Polymer Science, 2006, 101 (5): 3202-3214.
[86] Coutiho F M B, Teixeira V G, Baarbosa C C R. Influence of diluent mixture on the porous structure of the styrene - divinylbenzene copolymer [J]. Journal Applied Polymer Science, 1998, 67: 781-787.
[87] 张慕诗．多孔酚醛树脂微球的制备 [J]．精细石油化工进展，2013，14 (5): 45-49.
[88] 宫正．多孔聚合物水凝胶汲取剂的制备及正渗透性能研究 [D]．哈尔滨：哈尔滨理工大学，2015.
[89] 司晓菲．玉米淀粉微球的致孔方法及应用性能研究 [D]．大连：大连工业大学，2015.
[90] 崇政．吸湿功能聚苯乙烯片材的制备及性能研究 [D]．天津：天津科技大学，2011.
[91] 雷光财，丁霖桐，刘艳玲．丙烯酸系高吸水树脂多孔结构形成和控制 [J]．高分子材料科学与工程，2009，25 (10): 34-37.
[92] 许恩惠，郑强，王彩虹．尼龙 6/有机锂皂石纳米复合材料的制备及性能研究 [J]．高分子学报，2015 (5): 515-523.
[93] Ma Zuohao, Li Qian, Yue Qinyan, et al. Synthesis and characterization of a novel super-absorbent based on wheat straw [J]. Bioresource Technology, 2011, 102 (3): 1853-1858.
[94] 石淑先，夏宇正，曹新，等．致孔剂溶胀法制备多孔结构的乳胶粒 [J]．精细与化学专用品，2004，12 (11): 16-19.
[95] 万红敬，黄红军，李志广，等．调湿材料的化学物理结构与性能研究进展 [J]．材料导报，2013，27 (2): 60-63.
[96] 钱庭宝，刘维琳，李金和．吸附树脂及其应用 [M]．北京：化学工业出版社，1990.
[97] 柯以侃，董慧茹．分析化学手册第三分册——光谱分析 [M]．北京：化学工业出版社，1998.
[98] 王郗，李莉，陈宁，等．山梨醇改性聚乙烯醇体系的氢键作用及对水状态的影响 [J]．高等学校化学学报，2012，33 (4): 813-817.
[99] 谭帼馨．N-乙烯基吡咯烷酮共聚物水凝胶结构与性能的研究 [D]．广州：广东工业大学，2004.
[100] Qu X, Wirsen A, Albertsson A C. Novel pH-sensitive chitosan hydrogels: swelling and states of water [J]. Polymer, 2000, 41 (12): 4589-4598.

［101］黄晓柳，张新立，施德安．耐盐型聚丙烯酸钠高吸水树脂的合成研究［J］．胶体与聚合物，2013，31（2）：70-72.

［102］汪满意．聚丙烯酸类高吸水树脂及电纺纤维膜的制备［D］．上海：东华大学，2014.

［103］陈勇．改性聚丙烯树脂的合成与性能研究［D］．天津：天津大学，2007.

［104］Kunin R. The use of macroreticular polymeric adsorbents for the treatment of waste effluents［J］. Pure and Applied Chemistry，2004，35（2）：113-124.

［105］封珂珏．茶多酚-丙烯酸系高吸水树脂的制备及其性能研究［D］．武汉：华中农业大学，2015.

［106］李先春，余江龙．印尼褐煤吸湿特性及其热力学参数解析［J］．中国电机工程学报，2014，34（20）：136-141.

［107］Al-Ghouti M，Khraisheh M A M，Ahmad M N M. Thermodynamic behavior and the temperature on the removal of dyes from aqueous solution using modified diatomite：a kinetic study［J］. Journal of Colloid Interface Science，2005，287：6-13.

［108］王婧娜，胡岚，王克勇，等．球形 AND 的吸湿机理［J］．火炸药学报，2014，37（1）：86-90.

［109］程兰征，章燕豪．物理化学［M］．上海：上海科学技术出版社，2007.

［110］李松林，周亚平，刘俊吉．物理化学第五版下册［M］．北京：高等教育出版社，2009.

［111］Scheffler G，Grunewald J，Plagge R. Evaluation of functional approaches to describe the moisture diffusivity of building materials［J］. Journal of ASTM International，2007，4（2）：16.

［112］Ho Y S. Adsorption of heavy metals from waste by peat［D］. Birmingham：University of Birminghanm，1995.

［113］Ho Y S，Wase D A J，Forster C F. Kinetic studies of competitive heavy metal adsorption by sphagnum moss peat［J］. Environmental Technology，1996，17（1）：71-77.

［114］Mckay G，Ho Y S. Pseudo-second order model for sorption processes［J］. Process Biochemistry，1999，34（5）：451-465.

［115］密叶，李群，赵昔慧，等．羧甲基纤维素吸水性纱布的制备及其吸湿性动力学分析［J］．纺织学报，2013，34（6）：21-25.

［116］Chryss A G，Bhattacharya S N，Pullum L. Rheology of shear thickening suspensions and the effects of wall slip in torsional flow［J］. Rheologica Acta，2005，45（2）：124-131.

［117］Fischer P，Wheeler E K，Fuller G G. Shear-banding structure orientated in the vorticity directionobserved for equimolar micellar solution［J］. Rheologica Acta，2002，41（1）：35-44.

［118］Hecke M V. Soft matter：Running on cornflour［J］. Nature，2012，487（487）：174-175.

［119］Wanger N，Wetzel E D. Advanced body armor utilizing shear thickening fluids［P］：America，US7498276，2009-3-3.

［120］林梅钦，李明远，李肇亮．重烷基苯磺酸盐与原油间动态界面张力的试验研究［J］．石油大学学报，2002，26（5）：55-57.

［121］Jiang W，Ye F，He Q，et al. Study of the particles structure dependent rheological behavior for polymer nanospheres based shear thickening fluid [J] . Journal of Colloid and Interface Science, 2014, 413 (3): 8-16.

[122] Maranzano B J, Wanger N J. The effects of particle size on reversible shear thickening of concentrated colloidal dispersions [J] . Journal of Chemical Physics, 2001, 114 (23): 10514-10527.

[123] Lee Y S, Wanger N J. Dynamic properties of shear thickening colloidal suspensions [J]. Rheologica Acta, 2003. 42 (3): 199-208.

[124] Kamibayashi M, Ogura H, Otsubo Y J. Shear-thickening flow of nanoparticle suspensions flocculated bypolymer bridging [J] . Colloid Interface, 2008, 321.

[125] 叶芳. 聚苯乙烯-丙烯酸纳米粒子基剪切增稠液的制备与性能研究 [D] . 合肥: 中国科技大学, 2014: 25-65.

[126] Brady J F, Bossis G. Stokesian Dynamics [J] . Annual Reviews. 1988, 20 (1): 111-157.

[127] Maranzano BJ, Wagner NJ. Flow-small angle neutron scattering measurements of colloidal dispersion microstructure evolution through the shear thickening transition [J], Journal of Chemical Physics. 2002, 117 (22): 10291-10302.

[128] Petel O E. Response of shear thickening materials to uniaxial shock compression [M]. McGilIUniversity Libraries, 2011: 67-72.

[129] Lele A, Shedge A, Badiger M, et al. Abrupt shear thickening of aqueous solutions of hydrophobically modified poly (N′N-dimethylacylamide-co-acrylic acid) [J]. Macromolecules. 2010, 43 (23): 10055-10063.

[130] Cadix A, Chassnieux C, Lafuma F, el al. Control of the reversible shear-in duced gelation of amphiphilic polymers through their chemical structure [J] . Macromolecules, 2005, 38 (2): 527-536.

[131] Yanase H, Moldenaers P, Mewis J, et al. Structure and dynamics of a polymer solution subject to flow induced phase separation [J] . Rheological Acta, 1991, 30 (1): 89-97.

[132] Moldenaers P, Yanase H, Mewis J, et al. Flow-induced concentration fluctuations in polymer solutions: Structure/Property relationships [J] . Rheological Acta, 1993, 32 (1): 1-8.

[133] Dupuis D, Lewandowski F Y, Steiert P, et al. Shear thickening and time-dependent phenomena: the case of polylacylamide solutions [J] . Journal of Non-New Tonian Fluid Mechanics, 1994, 54 (94): 11-32.

[134] Kishbaugh A J, Mchugh AJ. A rheo-optical study of shear-thickening and structure formation in polymer solutions. Part II: Light Scattering analysis [J] . Rheological Acta, 1993, 32 (2): 115-131.

[135] 李芳, 朱晓丽, 姜绪宝, 等. 交联剂含量对憎水改性缔合型增稠剂性能的影响 [J] . 高分子学报, 2012 (4): 475-480.

[136] Ahn K H, Osaki K. J. Mechanism of shear thickening investigated by a network model [J]. Journal of Non-Newtonian Fluid Mechanics, 1995, 56 (3): 267-288.

[137] Van Egmond J W. Shear-thickening in suspensions, associating polymers, worm-like micelles, and poor polymer solutions [J] . Current Opinion in Colloid & Interface Science,

1998, 3 (4): 385-390.

[138] Mahfuz H, Clements F, Rangari V, et al. Enhanced stab resistance of armor composites with functionalized silica nanoparticles [J]. Journal of Applied Physics, 2009, 105 (6): 064307.

[139] Beazley K. Rheometry: Industrial Applications [M]. Chichester: Research Studies Press. 1980: 377-387.

[140] Clarke B. Rheology of coarse settling suspensions [J]. Transactions of the Institution of Chemical Engineers and the Chemical Engineer 1967, 45: 251-256.

[141] Yang H G, Li C Z, Gu H C, Fang T N. Rheological behavior of titanium dioxide suspensions [J]. Journal of Colloid and Interface Science 2001, 236 (1): 96-103.

[142] Chen H, He J, Tang H, et al. Porous silica nanocapsules and nanopsheres: Dynamic self-assembly synthesis and application incontrolled release [J]. Chem Mat, 2008, 20 (18): 5894-5900.

[143] 胡文秀，潘泳康，王伦．以介孔 $SiO_2$ 为分散相的剪切增稠流体对聚乳酸的增塑作用 [J]．塑料科技，2016，44 (8)：65-69.

[144] He Qianyun, Gong Xinglong, Xuan Shouhu, et al. Shear thickening of suspensions of porous silica nanoparticles [J]. J Master Sci, 2015, 50 (18): 6041-6049.

[145] 伍秋美，阮建明，黄伯云，等．分散介质和温度对 $SiO_2$ 分散体系的流变性能的影响 [J]．中南大学学报，2006，379 (5)：862-866.

[146] Shenoy S S, Wagner N J. Influence of medium viscosity and adsorbed polymer on thereversible shear thickening transition in concentrated colloidal dispersions [J]. Rheologica Acta, 2005, 44 (4): 360-371.

[147] Barnes H A. Shear-thickening ("dilatancy") in suspensions of nonaggragating solid particles dispersed in newtonian liquids [J]. Journal of Rheology 1989, 33: 329-366.

[148] Franks G V, Zhou Z W, Duin N J, et al. Effect of interparticle forces on shear thickening of oxide suspensions [J]. Journal of Rheology, 2000, 44 (4): 759-779.

[149] Yang H G, Li C Z, Gu H C, et al. Rheological behavior of titanium dioxide suspensions [J]. Journal of Colloid and Interface Science, 2001, 236 (1): 96-103.

[150] Ye F, Zhu W, Jiang WQ, et al. Influence of surfactants on shear-thickening behavior in concentrated polymer dispersions [J]. Journal of Nanoparticle Research, 2013, 15 (12): 1-8.

[151] 祝维．基于高分子聚合物的剪切增稠液的制备及影响因素研究 [D]．合肥：中国科技大学，2012：6-8.

[152] Kalman D P, Wanger N J. Microstructure of shear thickening concentrated suspensions determined by flow-USANS [J]. Rheologica Acta, 2009, 48 (8): 897-908.

[153] Kalman D P, WWetzel E D, Wanger N J, et al. Polymer Dispersion Based Thickening Fluid-fabrics for Protective Applocations [C] //Proceedings of SAMPE Boltimore MD, 2007: 1-9.

[154] Fischer C, Braun S A, Bourban P, el al. Dynamic properties of sandwich structures with integrated shear thickening fluids [J]. Smart Materials &Structures, 2006, 15 (5): 1467.

[155] Zhang X Z, Li W H, Gong X L. The rheology of shear thickening fluid (STF) and the dy-

namic performance of an STF-filled damper [J] . Smart Materials & Structures, 2008, 17 (3): 035027.

[156] Li S, Wang J, Zhao S, et al. Giant rheological effet of shear thickening suspension comprising silica nanoparticles with no aggregation [J] . Journal of Materials Science and Technology, 2016, 33 (3): 261-265.

[157] He Qianyun, Gong Xinglong, Xuan Shouhu, et al. Shear thickening of suspensions of porous silica nanoparticles [J] . J Master Sci, 2015, 50 (18): 6041-6049.

[158] Chen H, He J, Tang H, et al. Porous silica nanocapsules and nanopsheres: Dynamic self-assembly synthesis and application incontrolled release [J] . Chem Mat, 2008, 20 (18): 5894-5900.

[159] 陈潜，何倩云，等．剪切增稠液的力学性能与机理 [J] ．固体力学学报，2016，37 (6)：524-526.

[160] Schramm G A. Practical approach to rheology and rheometry [M] . Trans. Li X J. Beijing: Petroleum Industry Press, 1998: 113.

[161] Jiang W Q, Sun Y Q, Xu Y L, et al. Shear-thickening behavior of polymethylmethacrylate particles suspensions in glycerine - water mixtures [J] . Rheological Acta, 2010, 49: 1157-1163.

[162] 冯新娅．剪切增稠流体的动态响应及其在防护结构中的应用 [D] ．北京：北京理工大学，2014：32-33.

[163] Kamibayashi M, Ogura H, Otsubo Y. Shear-thickening flow of nanoparticle suspensions flocculated by polymer bridging [J] . Journal of Colloid and Interface Science 2008, 321 (2): 294-301.

[164] 叶芳．聚苯乙烯-丙烯酸粒子基剪切增稠液的制备与性能研究 [D] ．合肥：中国科技大学，2014：39-50.

[165] Jiang W Q, Ye F, He Q Y, et al. Study of the particles' structure dependent rheological behavior for polymer nanospheres based shear thickening fluid [J] . Journal of Colloid and Interface Science 2014, 413 (3): 8.

[166] Paine A J. Dispersion polymerization of styrene in polar solvent s: A simple mechanisticmodel to predict particle size [J] . Macromolecules, 1990, 23 (12): 3109-3117.

[167] Teare D O H, Emmison N, Ton-that C, et al. Effects of serum on the kinetics of CHO attachment to ultraviolet-ozone modified polystyrene surfaces [J] . Journal of Colloid and Interface Science, 2001, 234 (1): 84-89.

[168] 王新平，陈志方．端羟基化聚苯乙烯的表面性质 [J] ．高等学校化学学报，2005，26 (9)：1752-1756.

[169] Song J S, Chagal L, Winnik M A. Monodisperse micrometer-size crboxyl-functionalized polystyrene particles obtained by two - stage dispersion polymerization [J] . Macromolecules, 2006, 39 (17): 5729-5737.

[170] Li J, Li H M. Functionalization of syndiotactic polystyrene with succinic anhydride in the presence of aluminum chloride [J] . European Polymer Journal, 2005, 41 (4): 823-829.

[171] 吴升红，光普仪．单分散聚（苯乙烯-丙烯酰胺）高分子微球的制备及性能［J］．高分子材料科学与工程，2010，26（6）：156-158.

[172] Maranzano B J，Wagner N J. Flow-small angle neutron scattering mearurements of colloidal dispersion microstructure evolution throughthe shear thickening transition［J］. Journal of Chemical Physics，2002，117（22）：10291-10302.

[173] Maranzano B J，Wagner N J. The effect of interparticle interactions and particle size on reversible shear thickening：hard-sphere colloidaldispersions［J］. Journal of Rheology，2001，45（45）：1205-1222.

[174] Hoffmann R L. Explanations for the cause of shear thickening in concertrat-ed colloidal suspensions［J］. Journal of Rheology，1998，42（1）：111.

[175] 潘冬俊，杨文盼．静电凝聚法制备苯乙烯-丙烯酸共聚物/氧化铈核壳纳米复合材料［J］．材料导报，2015，29（3）：71-75.

[176] 郑文．颗粒物质体系复杂动力学行为研究［D］．合肥：中国科学技术大学，2013：71-86.

[177] 秦建彬，张广成．剪切增稠液及其复合材料［J］．材料导报，2017，31（4）：59-64.

[178] 康万利，杨红斌．粘弹微球的合成及分散体系的流变性能［J］．高分子材料科学与工程，2015，31（3）：1-5.